L'Auto-motivation

Reinhold Stritzelberger

L'Auto-motivation

Pour avoir la pêche et atteindre vos objectifs

ECOLIBRIS

Traduction : Christine Mignot

Directrice de collection : Sophie Descours

"Reinhold Stritzelberger"
Licensed edition by the Haufe-Lexware GmbH & Co. KG, Federal
Republic of Germany, Freiburg, 2014
Lizenzausgabe des Haufe-Lexware GmbH & Co. KG, Bundesrepublik
Deutschland, Freiburg 2014

Pour l'édition française © 2015 Ixelles Publishing SA
Ecolibris est une division de Ixelles Publishing SA

ISBN 978-2-87515-251-0
D/2015/11.948/251

Dépôt légal : 1er trimestre 2015

E-mail : contact@ixelles-editions.com
Site internet : www.ixelles-editions.com

Sommaire

Vous motiver pour atteindre votre objectif

Avant-propos

Dans ce guide, vous découvrirez tout ce que vous pouvez faire vous-même pour vous rendre tous les jours au travail en étant motivé, en forme et de bonne humeur – et revenir le soir chez vous en vous disant : « C'était une bonne journée – elle en valait la peine. » Vous vous demandez peut-être : « Est-ce possible ? Est-ce réaliste ? Tous les jours ? Toute ma vie ? » La réponse à ces quatre questions est la même : oui. C'est effectivement possible. Ce n'est certes pas facile et cela ne va pas tomber du ciel. Mais c'est possible et vous y arriverez. Pas pour l'entreprise. Pas pour votre supérieur. Pour vous-même ! Car celui qui se montre motivé au travail se sent mieux et mène une vie plus saine.

Pour rester durablement motivé, il ne suffit bien évidemment pas d'appuyer sur un bouton. Mais vous pouvez y parvenir pas à pas. Et *L'Auto-motivation* vous donnera une précieuse impulsion.

Je dédie ce livre à mes merveilleux parents, Antonie et Josef Stritzelberger, (presque) toujours motivés. J'espère que vous prendrez beaucoup de plaisir à le lire.

Reinhold Stritzelberger

Penser autrement – accroître la motivation personnelle

Celui qui croit que sa motivation dépend uniquement d'éléments extérieurs se trompe. Notre façon de penser nous motive mille fois plus que n'importe quelle augmentation de salaire – surtout sur le long terme. Nous pouvons contrôler nous-mêmes beaucoup plus de choses que nous le pensons.

Dans ce chapitre, vous apprendrez :
- quelles sont les idées très répandues qui nous démotivent,
- pourquoi la pensée positive ne suffit pas et peut même être néfaste,
- quelles idées nous aident à dépenser efficacement notre énergie,
- comment passer de la simple résolution à l'action.

Pourquoi nos propres idées nous freinent

N'est-il pas étonnant de voir à quel point nos propres idées nous freinent ? Inversement, n'est-il pas surprenant de constater que nous avons tendance à faire un usage peu positif de nos idées ? Intéressons-nous aux façons de penser de la plupart des individus au cours de leur vie professionnelle qui les conduisent à ne plus vraiment avoir envie de faire leur travail.

D'après une étude de l'institut Gallup, seulement un employé sur dix fait preuve d'un engagement supérieur à la moyenne. Les autres ont plus ou moins perdu l'envie de travailler. Comment expliquer cette attitude ? Pourquoi la plupart des individus se traînent-ils tous les jours au travail et se contentent-ils du strict minimum ? Pensez-vous que les entreprises sont les seules responsables ? Les idées très répandues mais malheureusement aussi très démotivantes qui nous animent n'ont-elles pas également leur part de responsabilité ?

Nous sommes pourtant souvent entrés dans la vie active avec beaucoup d'enthousiasme : avec des rêves, des projets et l'envie de produire quelque chose. Vous souvenez-vous de ce que vous ressentiez alors ? On finit malheureusement toujours par constater à un moment ou un autre qu'aucun de nos rêves n'est devenu réalité, on change alors d'entreprise, plein d'espoir, pour se retrouver dans la même galère au bout de quelques années, voire quelques mois.

Une chose est sûre : l'entreprise, accusée de ne pas en faire assez pour ses salariés, n'est pas la seule responsable. Nous sommes les principaux coupables, avec toutes nos idées qui sont un frein à notre évolution.

Exercice : Quelles sont vos motivations ?
Prenez votre temps et répondez par écrit aux deux questions suivantes. Si vous avez lu ce livre en entier et que, dans l'idéal, vous l'avez bien étudié jusqu'au bout, relisez donc ce que vous avez noté ici. Vous serez étonné de constater tout ce que qui peut se cacher dans 160 pages.
• Qu'aimerais-je apprendre dans ce guide sur l'auto-motivation ? À quelles questions concrètes aimerais-je apporter des réponses ?
• Quelles sont mes attentes en matière de motivation personnelle ? Pourquoi ai-je acheté ce livre ?

☟ Première erreur de raisonnement : des éléments extérieurs me démotivent

« Comment !? », pensent beaucoup, « En quoi est-ce une erreur de raisonnement ? C'est parfaitement vrai ! Mon chef me traite comme un moins que rien et je n'ai plus été augmenté depuis trois ans. Comment pourrais-je être encore motivé ? »

Cette manière de penser est presque un réflexe.

Connaissez-vous un seul individu qui se sente frustré au travail et dise : « Après tout, c'est peut-être aussi un peu de ma faute… » ? Tous les individus ont tendance à rendre les autres responsables d'une situation qui ne les satisfait pas.

Avant de réfléchir dans les chapitres suivants aux idées qui pourraient être plus utiles, il nous faut répondre à la question suivante : pourquoi en est-il ainsi ? Pourquoi tant d'individus se font-ils du mal avec leurs propres idées ? La réponse est simple et claire :

On nous a habitués à rendre les éléments extérieurs responsables de notre propre motivation. Comment ces expériences se sont transformées en convictions presque immuables, vous l'apprendrez dans le chapitre « Ajustez vos positions ».

⊘ Nous apprenons à réagir plutôt qu'à agir

Le monde entier est conçu de telle sorte que les hommes n'agissent pas mais plutôt réagissent. De préférence tous ensemble et sur demande.

Toutes ces réactions répondent à des impulsions venues de l'extérieur. Il en est de même dans notre vie professionnelle : nous agissons lorsque notre supérieur nous donne un ordre, lorsque nous devons respecter une certaine date ou lorsque le client menace de nous laisser tomber. Souvent, nous aurions pu agir avant et éviter d'en arriver là.

Exemple

Lorsque nous sommes enfants, nous rangeons notre chambre quand notre mère nous l'ordonne. À l'école, nous entrons en classe lorsque la cloche sonne ; nous apprenons lorsque nous avons un examen. Les étudiants d'aujourd'hui avouent en effet ne plus préparer leurs examens longtemps à l'avance mais « mettre les gaz » peu de temps avant la date fatidique, lorsque la pression est maximale. Nous accordons souvent du temps et de l'attention à notre compagnon ou compagne lorsque nous sommes sur le point de nous séparer – et même quand notre santé est en jeu, nous avons tendance à attendre d'avoir vraiment mal pour agir.

Nous avons tendance à rendre des éléments extérieurs responsables de notre bien-être.

Nous justifions nos performances insuffisantes par des facteurs extérieurs, comme le chef, les faibles prestations sociales, l'augmentation de salaire qui se fait attendre, etc.

☺ Réchauffe-moi, tu recevras du bois !

Cela rappelle un peu celui qui a froid, qui est assis devant sa cheminée sans feu et qui dit à cette dernière : « Si tu me réchauffes, je te donnerai une bûche de bois. »

Absurde, bien évidemment. Pourtant nombreux qui se comportent d'une manière aussi absurde dans la vie professionnelle. Celui qui croit que son entreprise est responsable de sa propre motivation, non seulement se freine, mais se sent encore plus mal. Pourquoi ? Celui qui s'en remet aux autres se sent – à juste titre – dépendant. Et celui qui dépend des autres a peu ou pas de pouvoir propre et devient de plus en plus impuissant.

Il ne doit pas en être ainsi. Il existe une attitude qui permet de se sentir sensiblement mieux. La psychologie de la personnalité la décrit comme la « croyance en son propre pouvoir ».

> Celui qui éprouve le sentiment subjectif de pouvoir changer ou contrôler quelque chose se sent mieux que celui qui se croit impuissant et livré aux influences extérieures.

Attention : il ne s'agit pas ici de ce qui est « vrai », mais de ce dont on est subjectivement convaincu. Lorsque deux salariés occupent un poste identique, le premier peut être convaincu de n'être qu'un simple rouage de la machine et de devoir toujours courir, sans toutefois avancer, un peu comme le hamster dans sa roue. Le second pense, peut-être à tort, produire vraiment quelque chose avec son travail. Peut-être pense-t-il même, bien que ça soit aberrant, qu'il est irremplaçable ou considère-t-il son travail comme très précieux pour l'entreprise. Peu importe que l'un d'eux ait raison ou non, quel serait donc votre point de vue personnel sur la question si vous aviez le choix ? Quelle position est la plus favorable à l'individu ? Il est certain que celui qui agit et change les choses se sentira mieux.

⊙ Deuxième erreur de raisonnement : je fais trinquer les autres !

Lorsqu'on nous cause du tort, on aimerait riposter. Cette attitude caractérise l'homme depuis la nuit des temps et aujourd'hui encore. Beaucoup de ceux qui se sentent démotivés par leur entreprise aimeraient se venger. Ils se sentiraient ainsi mieux, c'est tout au moins ce qu'ils croient. Mais c'est une erreur. Car le rapport entre les employés et l'entreprise ressemble à la relation qui unit des conjoints : si un côté perd, au final les deux côtés perdent.

L'exemple suivant est, certes, inventé, mais tout à fait représentatif.

Exemples

Un riche homme d'affaires vend tout ce qu'il a à un prix dérisoire : sa Jaguar pour 100 euros, sa maison de campagne pour 1 000 euros, etc. Qu'est-ce qui se cache derrière tout cela ? L'homme avait divorcé contre sa volonté et le juge avait ordonné que ses biens soient divisés à parts égales entre les deux époux.

En voulant se venger de son épouse, cet homme finit par se léser aussi. Cet exemple fait bien évidemment sourire. Mais si l'on observe un comportement similaire dans une entreprise, on remarque beaucoup moins vite ses conséquences.

☉ Les deux parties en pâtissent

Dans les entreprises aussi, il y a des salariés frustrés qui empêchent délibérément leurs collègues de causer des dommages, de procéder à des actes de sabotage ou de transmettre des informations internes à la concurrence. Au premier abord, on ne voit que le collaborateur qui nuit à l'entreprise. Pour réaliser ce que cela signifie pour l'individu lui-même, une observation plus précise est nécessaire.

Exemples

Dans une entreprise de taille moyenne. Collaboration intensive avec un collègue basée sur la confiance. Il y a pas mal de chances que l'on attire de nouveaux clients. À la question de savoir pourquoi il n'aborde pas les clients, le salarié répond : « Parce que je ne veux pas faire ce plaisir à mon chef ! » Sans parler du supérieur, quelles conséquences cette attitude a-t-elle sur le salarié lui-même ?

Il va sans dire que l'entreprise est ici perdante. Mais quel est donc le dommage causé au salarié ?

La réponse surprenante est la suivante : le salarié se fait du mal à lui-même car il diminue ainsi sa performance et donc son estime de soi.

◉ La performance renforce notre estime de soi

Exemples

Les salariés A et B occupent des postes quasiment identiques dans une entreprise, se situent à un même échelon hiérarchique et obéissent aux mêmes conditions générales. Depuis des années, de plus en plus de salariés sont licenciés ; la prochaine vague de licenciements ne devrait pas tarder. Les deux salariés trouvent la situation pesante.

Le salarié A arrive au bureau à 8 h 30, se contente de faire son travail, tend à allonger ses pauses, fait des recherches personnelles sur Internet et quitte le bureau de bonne heure. Le soir il rentre chez lui à 17 h 30, insatisfait car il n'a pas fait grand-chose de sa journée et n'a pas dépensé beaucoup d'énergie.

Le salarié B arrive au bureau à la même heure. Il est très concentré et exécute les tâches qui lui sont confiées le plus rapidement possible en veillant à fournir un travail de qualité. Le soir il quitte également le bureau à 17 h 30. Cette différence de comportement a une conséquence : le salarié B se sent sensiblement mieux que le salarié A. Il a fait du bon travail. On peut supposer qu'il a plus d'entrain et d'énergie et qu'il revient en forme chez lui. On peut aussi penser qu'il passe de bons week-ends et soirées.

Il est évident que le salarié B se sent mieux que le salarié A. La raison psychologique qui explique cela est claire : nos propres performances influent considérablement sur notre confiance en soi et notre bien-être.

On ne peut bien évidemment pas retourner sa veste en deux temps trois mouvements et dire : « À partir de maintenant je vais m'investir pleinement. » Ce n'est pas aussi simple que cela lorsqu'on roule avec le frein à main serré depuis des années.

● Je fais de mon mieux mais je n'y arrive pas !

Qu'en est-il lorsque nous voulons « vraiment » faire de notre mieux mais que nous nous sentons démotivés par des éléments extérieurs ? Le petit mot « vraiment » met en évidence le fait que beaucoup se motivent précisément pour faire du bon travail et sont déçus d'y parvenir rarement, voire de ne plus y arriver du tout. Par ailleurs, ils ne savent pas à quoi cela est dû et ce qu'ils pourraient changer. Ils peuvent pourtant faire quelque chose.

Commencez par lire attentivement le prochain chapitre, « L'importance de la pensée engagée ». Deuxièmement : ne tombez surtout pas dans le piège de la troisième erreur de raisonnement évoqué ci-après.

☋ **Troisième erreur de raisonnement : Je dois penser positif !**

Intéressons-nous à la troisième idée très répandue qui nous freine : la pensée positive. Chacun d'entre nous en a sans aucun doute déjà fait l'expérience sous une forme ou une autre.

Émile Coué, pharmacien français, est considéré comme le père de la pensée positive dans la littérature scientifique. Ce dernier était convaincu que chaque individu peut exercer une influence positive sur lui-même. Il est l'origine de l'autosuggestion. Il transmettait à ses patients des messages positifs qu'ils devaient répéter et intérioriser au moins 20 fois par jour.

> « Tu peux tout réussir – il te suffit d'y croire ! » Une phrase type des exercices centrés sur la motivation. Cela rappelle un peu le dompteur de cirque qui tient un cerceau en l'air à un mètre du sol. Un escargot rampe en dessous et il lui crie : « Tu vas y arriver ! Fais un effort ! Tu vas réussir ! »

Ensuite ce fut surtout Joseph Murphy qui répandit l'idée selon laquelle il est possible d'orienter sa propre pensée dans une direction optimiste grâce à des idées positives. À ces convictions et façons de penser s'ajoutent de nombreux livres, séminaires et individus s'autoproclamant gourous qui veulent enseigner la « pensée positive ».

◉ Souhaiter, lâcher prise, rester les bras croisés

Voici comment fonctionne la pensée positive en sim-
plifiant : vous imaginez ce que vous souhaitez. Vous
vous le représentez avec les plus belles formes et cou-
leurs ; au mieux vous sentez, écoutez et ressentez tout
ce qu'il y a à sentir, écouter et ressentir. Et ensuite, très
important, vous vous détachez de ce souhait ! Lorsque
vous avez un objectif précis, vous devez absolument
vous en détacher et le laisser « s'envoler ». Ensuite,
vous pourrez attendre tranquillement qu'il se réalise.
Cela ne fonctionne pas seulement pour les objectifs
ambitieux, tels que la recherche du partenaire idéal,
mais aussi pour les petits problèmes du quotidien.
Exemple : la recherche d'une place de stationnement
dans le centre-ville bondé. Souhaiter vivement, se
détacher de son souhait et se réjouir de trouver une
place de stationnement libre.

Le fait que la pensée positive seule n'apporte rien est
illustré par un vieux proverbe arabe qui dit : « Fais
confiance à Dieu, mais attache ton chameau. »

◉ Les roses poussent mieux lorsqu'on s'en occupe

La pensée positive est une pensée passive. C'est, certes,
confortable, mais cela présente également de gros
inconvénients. Cela peut même être nocif. Car cela

pousse à rester les bras croisés et à attendre. On peut, bien évidemment, planter un rosier et imaginer qu'il va pousser et devenir beau. Mais il est sans doute plus utile pour le rosier qu'on l'arrose, qu'on lui apporte de l'engrais et qu'on s'en occupe. Et ceci ne vaut pas seulement pour les roses : la pensée positive ne se suffit simplement pas à elle-même.

Exemples

Un homme profondément croyant s'écarte du chemin lors d'une randonnée et tombe dans un marécage. Il s'enfonce et n'arrive plus à ressortir. Un autre homme vient à passer et lui demande s'il peut l'aider. « Non, non, Dieu va me venir en aide ! », lui répond-il. Une heure plus tard, l'homme revient quand même le voir et lui pose la même question. Le randonneur refuse une fois encore en évoquant la même raison. L'homme finit par appeler les pompiers. Ces derniers arrivent pour venir en aide à l'homme, qui n'a maintenant plus que la tête qui dépasse du marécage, mais il continue à refuser toute aide : « Laissez-moi, Dieu va me venir en aide ! »

Le randonneur meurt, arrive à la porte du ciel, chez saint Pierre, et lui demande : « Dis-moi, j'ai eu la foi pendant toute ma vie – pourquoi ne m'avez-vous pas aidé lorsque j'en avais tellement besoin ? » Saint Pierre fronce les sourcils, jette un œil dans son livre d'or et lui répond : « Comment cela ? Il est écrit que nous t'avons envoyé à deux reprises un homme pour t'aider et même les pompiers ! »

L'importance de la pensée engagée

Là où s'arrête la pensée positive, commence la pensée engagée. En nous contentant de la pensée positive, nous laissons aux autres le soin de changer les choses : le chef, l'homme secourable, l'univers ou Dieu – on oublie qu'Il n'a jamais attaché de chameau ou arrosé une rose. Avec la pensée engagée, vous choisissez de prendre personnellement les choses en main. Et vous pouvez alors compter sur une force, dont l'effet est immense.

☯ La force du placebo

Vous connaissez sans aucun doute l'effet placebo. Les placebos sont des faux médicaments, c'est-à-dire qu'ils ne contiennent pas de substance active. Ils sont administrés à des patients de telle sorte qu'ils pensent qu'il s'agit de vrais médicaments. Et le plus étonnant est que ces placebos sont très efficaces.

> Celui qui souffre de maux de tête et avale un comprimé constatera sans doute que ses douleurs disparaissent peu après, même s'il n'a en fait avalé qu'un placebo.

Comment expliquer cela ? La première réponse qui vient à l'esprit est bien évidemment la suivante : « Parce que j'y crois. » C'est vrai, mais cela ne suffit pas ! Dans l'effet placebo, il faut ajouter un autre élément décisif. Si l'on prélève, par exemple, du sang à des patients atteints de maux de tête qui ont reçu un placebo, on y trouve des substances sécrétées par leur corps pour lutter contre les douleurs.

⊙ Vous recevez précisément la force dont vous avez besoin

En clair : votre corps s'adapte énergétiquement aux situations futures – ou plus exactement aux situations pour lesquelles il est convaincu que vous allez avoir besoin de lui. Êtes-vous convaincu que des moments difficiles vous attendent qui vont requérir toute votre énergie ? Si oui, votre corps vous envoie précisément cette énergie. Il sécrète les substances correspondantes et vous recevez l'énergie nécessaire. Ici, l'effet placebo agit dans le sens positif. Son effet est, en revanche, négatif lorsque vous êtes convaincu que quelque chose d'ennuyeux vous attend qui ne nécessite pas que vous dépensiez de l'énergie – dans ce cas votre corps vous enverra moins d'énergie.

Pensez donc à l'effet placebo : celui qui pense que l'on n'a plus besoin de lui, qui croit qu'il ne maîtrise plus grand-chose, ne reçoit bien évidemment pas l'énergie dont il aurait besoin pour réagir. Imaginez la différence si Monsieur T se disait : « J'ai tout donné pour l'entreprise ces trente dernières années. Maintenant je vais m'intéresser à moi. Dans les années à venir, j'emploierai uniquement mon énergie pour moi-même. Je vais m'asseoir tranquillement et noter ce dont je rêve depuis longtemps, ce que j'ai toujours souhaité. » Le corps sécrétera alors les substances messagères nécessaires.

Exemples

Monsieur T avait 54 ans lorsqu'il vint me voir à une séance de coaching. Il ne se sentait pas bien dans sa peau, sans savoir l'expliquer ni comment faire pour remédier à son mal-être. À 58 ans, il pourrait prendre sa retraite, comme c'était habituel dans son entreprise. Il profitait d'une bonne sécurité financière, un point essentiel pour de nombreux individus. Pourtant, Monsieur T ne se sentait pas bien.

La pierre d'achoppement finit par être mise en évidence : « Les trente dernières années ont été véritablement passionnantes. J'ai passé beaucoup de temps à l'étranger, j'ai collaboré à d'innombrables projets particulièrement ambitieux, j'occupais un poste de conseiller dans le conseil d'administration – et maintenant ? J'ai l'impression que j'ai atteint le zénith et que je vais commencer à décliner. »

L'effet placebo n'a rien à voir avec l'ésotérisme – il a été clairement prouvé dans d'innombrables études scientifiques. Aujourd'hui, toute une branche de la recherche s'intéresse au mode d'action des placebos. Des découvertes intéressantes ont été révélées. Il faut par exemple savoir que les placebos fonctionnent mieux lorsqu'ils sont administrés par un médecin et non par son assistante ou lorsqu'ils sont chers plutôt que bon marché.

◐ L'essence de la pensée engagée

Tirez avantage de l'effet placebo en pensant de manière engagée ! La pensée est un processus qui amène à se poser soi-même des questions et à y répondre. Plus les questions que l'on se pose sont intéressantes, plus les réponses apportées le sont également. C'est précisément le cœur de la pensée engagée.

> Vous pouvez presque toujours vous poser la question centrale de cette méthode lorsque vous voulez changer quelque chose. Cette simple question peut véritablement changer votre vie : « Que puis-je faire ? »

Vous attendez une augmentation depuis des années ? Vous aimeriez diriger un service ? Recevoir d'autres tâches à exécuter ? Passer un an à l'étranger ? Posez-vous donc la question suivante : « Que puis-je faire pour améliorer ma situation ? »

Utilisez l'énergie de la pensée engagée. Posez la question de manière ciblée. Elle vous ouvrira des portes – surtout sur vous-même. Car il s'agit bien de vous ! Cette question est également utile si vous avez envie d'obtenir quelque chose des autres, mais il s'agit avant tout de vous. Vous devez vous demander personnellement ce que vous pouvez faire pour atteindre votre objectif.

Si vous êtes habitué à vous poser souvent cette question, demandez-vous une fois de plus : « Que puis-je faire *de plus* ? »

Exemples

Monsieur S ne connaissait aucun changement depuis des années. Il semblait n'y avoir aucune possibilité d'avancement pour lui dans l'entreprise. Il fut mis sous les ordres d'un nouveau chef de service alors qu'il était certain qu'il aurait tout à fait pu être nommé à ce poste. Son entreprise lui avait jusqu'ici toujours refusé la qualification nécessaire, une formation continue spécifique. Monsieur S se sentait de plus en plus insatisfait et avait des envies de changement, soutenant même les plaintes de ses collègues. Il découvrit par hasard la pensée engagée et la question fondamentale à se poser. Il se mit tout de suite à l'ouvrage et écrivit : « Que puis-je faire pour devenir chef de service d'ici à deux ans ? »

Sur trois feuilles de papier A4, il nota toutes ses idées. Un point essentiel y figurait : « Suivre la formation nécessaire à mes propres frais. » Quatorze mois plus tard, grâce à sa nouvelle qualification, Monsieur S fut promu à un nouveau poste.

Cette question n'est bien évidemment pas une arme absolue pour et contre tout, mais elle se concentre sur la capacité d'action de chacun. Elle active des énergies qui restent « bloquées » lorsqu'on s'apitoie sur son sort. Elle vise un objectif et donne de l'assurance plutôt que de ne penser qu'à ses problèmes et de plonger dans l'apathie. Essayez donc !

☻ L'auto-motivation : une décision personnelle

Pensez-vous que l'on peut décider librement de se motiver soi-même dans la vie et au travail ? J'en suis absolument convaincu. Il existe une seule et unique condition à cela : vous devez le vouloir.

Exemples

Un jeune homme demanda à Socrate : « Quel est donc le secret du succès ? » Socrate lui répondit : « Viens avec moi jusqu'au fleuve. » Une fois sur la rive, il dit : « Maintenant nous allons entrer dans le fleuve. » Lorsqu'ils furent tous les deux avec de l'eau jusqu'au cou, Socrate saisit le jeune homme et lui enfonça la tête sous l'eau. Le pauvre homme se défendit désespérément mais Socrate ne le lâcha pas. D'interminables secondes s'écoulèrent. Lorsque Socrate relâcha enfin son étreinte, le jeune homme secoua la tête en haletant, à bout de souffle. Socrate lui demanda : « Lorsque tu étais la tête sous l'eau, que souhaitais-tu par-dessus tout ? » « De l'air, bien sûr ! », répondit le jeune homme. « Tu vois », lui dit Socrate, « c'est le secret du succès. Si tu désires réussir, autant que tu voulais de l'air lorsque tu te trouvais sous l'eau, alors tu réussiras. »

⊘ Dites « oui » de tout votre cœur

Si vous souhaitez vous motiver dans la vie, vous devez sciemment et clairement le décider.

L'auto-motivation n'est pas un trait de caractère. C'est le résultat d'un processus qui se compose de plusieurs étapes. Et on peut les apprendre et s'entraîner à les franchir.

Dans la littérature spécialisée, « l'auto-motivation » décrit généralement la capacité d'un individu à faire un effort de sa propre initiative, sans encouragement ni contrainte extérieurs, et à le mener soigneusement à terme, jusqu'à atteindre l'objectif qu'il s'est fixé.

Je préfère pour ma part la définition suivante : vous êtes très motivé lorsque :

- vous êtes tellement impatient de faire quelque chose que vous n'arrivez pas à vous freiner,
- vos yeux brillent tellement que tout le monde sait à quel point vous êtes décidé,
- vous êtes certain de donner tout ce que vous pouvez et vous réussirez à vous en sortir quelles que soient les difficultés.

Il existe de nombreux autres exemples de ce type. Ils mettent tous en évidence un point essentiel : votre motivation personnelle est votre propre décision consciente. Derrière se cache un processus comprenant plusieurs étapes et méthodes que l'on peut naturellement apprendre et auxquelles on peut s'entraîner. On peut établir un rapprochement avec l'apprentissage d'un instrument de musique ou d'un sport : jusqu'à un certain niveau, tout le monde peut l'apprendre. Mais le voulez-vous vraiment ? Êtes-vous certain de vouloir vous entraîner régulièrement ? Peut-être n'en avez-vous pas du tout envie ?

⊙ Même les meilleurs s'entraînent

Soyez certain d'une chose : ce n'est pas parce que vous êtes bon dans un domaine qu'il faut vous arrêter là. Car vous devez précisément vous entraîner pour rester aussi bon que vous l'êtes. C'est ce que je me dis toujours lorsque je regarde de temps en temps l'équipe nationale de football s'entraîner. À quoi les joueurs s'entraînent-ils donc ? Certainement à de nouveaux enchaînements et finesses tactiques. En grande partie, ils répètent toutefois les gestes techniques les plus banals, comme les corners, les coups francs, les passes et autres exercices qu'ils ont déjà tous faits des milliers de fois. Pensez-y s'il vous vient un jour à l'esprit : « Je sais déjà le faire… » Investissez-vous toujours à fond. Même pendant l'entraînement. Même s'il y a de la tempête et qu'il neige et que personne ne mettrait le nez dehors par un temps pareil. Vous avez pris votre décision. Sortez, quoi qu'il arrive.

Pour être aussi sûr de vous et pouvoir mettre en pratique votre décision, vous devez commencer par dire

« oui » avec tout votre cœur. « Oui » à une vie, certes, éprouvante, mais passionnante – une vie durant laquelle vous faites chaque jour de votre mieux. Cette décision et cette attitude ne vont absolument pas de soi.

Exemples

Lors d'un coaching de cadres dirigeants, je travaillais avec Andrée Lebrun, cadre supérieur de 42 ans. Après de nombreuses années, elle avait enfin obtenu le poste dont elle rêvait dans l'entreprise. Pour cela, elle devait maintenant, entre autres, se préparer à l'aide d'un coaching. Nous avons discuté des exigences liées à son nouveau poste, de ses qualifications, de son profil – tout semblait correspondre à ce qu'elle souhaitait. Je sentais toutefois une gêne chez elle, une sorte de frein. Je finis par lui demander : « Madame Lebrun, quel pourcentage de ce que vous maîtrisez, de vos connaissances, de votre passion, de votre engagement – quelle proportion de tout cela voulez-vous consacrer à ce nouveau poste ? » J'avais de bonnes raisons de croire qu'elle répondrait « 100 % ». Je fus d'autant plus surpris quand, après avoir un peu réfléchi, elle répondit : « 70 à 80 % ». Une question se pose ici : À qui son attitude nuit-elle le plus – à l'entreprise ou à elle-même ?

Donnez 100 % ! Cela vaut la peine. Pour en revenir à l'exemple ci-dessus, on pourrait formuler la question ainsi : quel pourcentage de vous-même êtes-vous prêt à investir ?

Dépenser efficacement son énergie

Avant de vous lancer, il est intéressant de regarder où vous pouvez employer le plus efficacement votre énergie. Car si vous vous investissez, l'effet ne sera pas le même partout. Le schéma ci-dessous en est l'illustration.

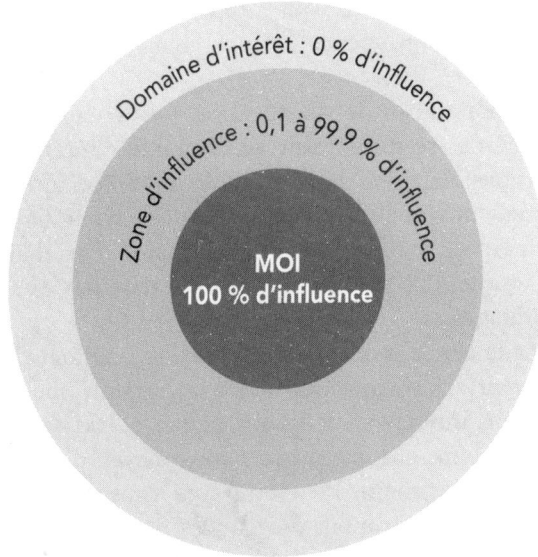

Domaine d'intérêt et zone d'influence

☺ Domaine d'intérêt et zone d'influence

Vous avez ici trois niveaux. Le cercle extérieur correspond au « domaine d'intérêt ». Il comprend tous les thèmes qui certes vous intéressent, mais sur lesquels vous n'avez au final aucune influence. Cela vous intéresse-t-il de savoir le temps qu'il fait, quelle est la politique étrangère américaine ou qui est le meilleur footballeur français ? Ce sont des thèmes typiques du domaine d'intérêt. Ils vous intéressent tous mais vous n'avez aucune influence sur eux, vous ne pouvez rien apporter.

Il est donc absurde de dépenser de l'énergie pour des thèmes se rapportant au domaine d'intérêt. Et pourtant : regardez donc les sujets qui préoccupent et intéressent vos chers/chères collègues – il s'agit généralement de thèmes issus de ce domaine. Des thèmes sur lesquels ils ne peuvent absolument pas exercer d'influence.

Dans le cercle intermédiaire, la zone d'influence, se trouvent des thèmes qui nous concernent, que nous pouvons influencer, toutefois jamais à 100 %. Vous pouvez faire beaucoup mais vous n'avez pas toutes les cartes en main. Peut-être avez-vous des enfants et aimeriez-vous qu'ils deviennent des adultes fiers ? Vous aimeriez que votre couple soit idéal ? Rester en bonne santé très longtemps ou entretenir une relation formidable avec votre supérieur ? Tous ces thèmes font partie de la zone d'influence.

Dans la zone d'influence, vous n'avez aucune garantie de succès. Vous pouvez seulement faire de votre mieux et espérer que cela suffise. Vous ne seriez pas le premier qui fait de son mieux et qui est ensuite licencié. Cela vaut toutefois la peine que vous vous investissiez ! Celui qui s'investit pleinement dans sa zone d'influence augmente ses chances d'obtenir un bon résultat.

Exemples

En tant que coach, je fis la connaissance d'une personne qui se sentait constamment débordée, presque désespérée. Je lui confiai la tâche de répartir tout ce qui lui posait problème entre ces trois cercles d'ici à notre prochaine rencontre. Lors de notre discussion suivante, elle semblait complètement transformée. Elle avait été tout d'abord surprise de constater que tout ce qu'elle avait à faire se trouvait dans les cercles de la zone d'influence et de la zone du MOI. Il y eut comme un déclic. Elle réalisa soudain que c'était sans aucun doute une chance : elle avait la possibilité d'influencer elle-même sur toutes les tâches qu'elle devait exécuter. Elle pouvait agir de son propre chef, sans dépendre des éléments extérieurs.

🌐 100 % pour le MOI tout-puissant

Pour finir, il reste la zone centrale, qui correspond au cercle le plus intérieur. Il s'agit du « tout-puissant »

MOI. Cette zone rassemble tout ce que vous pouvez vous-même influencer. Tout ce que vous entreprenez dans cette zone du MOI a des conséquences directes et souvent immédiatement visibles. C'est lorsque vous intervenez dans cette zone que l'effet de levier est le plus important.

Que vous atteigniez ou mainteniez le poids que vous vous êtes fixé, que vous fumiez ou non, tout cela dépend entièrement de vous – tout comme votre évolution professionnelle, le choix de faire votre travail du mieux possible ou votre motivation personnelle sur le long terme. Tout cela dépend de vous et de vous seul.

Utilisez la check-list ci-dessous pour les thèmes qui vous tiennent à cœur dans la vie.

☯ Check-list : Que pouvez-vous influencer et sur quoi n'avez-vous pas d'influence ?

De l'impuissance au pouvoir personnel
1. Notez tous les thèmes qui vous préoccupent à l'heure actuelle. Pour plus de clarté, vous pouvez les répartir selon la distinction suivante : travail, relations, personnel, autres.
2. Rattachez ensuite ces thèmes aux différents domaines et zones : domaine d'intérêt, zone d'influence, zone du MOI. Prenez une feuille A4 par domaine/zone.

De l'impuissance au pouvoir personnel
3. Évaluez le degré de priorité de chaque élément à l'aide d'une note de 1 à 3 (1 = très important/urgent/pesant à 3 = en ce moment pas si important que cela).
4. En lisant simplement ce que vous avez écrit, de nombreuses possibilités vous viendront sans doute à l'esprit pour agir – notez des mots clés pour vous en souvenir.
5. Notez une action que vous souhaitez vraiment mettre en œuvre et commencez tout de suite.

D'une manière quelque peu simplifiée, cela rappelle la prière de la sérénité des alcooliques anonymes :
« Mon Dieu, donnez-moi le courage de changer les choses que je peux changer, la sérénité d'accepter ce que je ne peux pas changer et la capacité de faire la différence entre les deux. »

⟳ Là où l'investissement rapporte le plus

Les choses que vous pouvez faire avancer et changer se trouvent généralement dans la zone du MOI. C'est en agissant sur ces dernières que vous obtiendrez l'effet le plus important. Vous pourrez récolter ainsi directement les fruits de votre investissement.

Voilà ce que cela signifie pour la vie professionnelle : vous ne changerez vraisemblablement pas votre supérieur, ni la politique de l'entreprise ou les prestations sociales. Ces thèmes font partie du domaine d'intérêt. Vous pouvez, en revanche, avoir une influence, plus ou moins importante, sur les relations avec vos collègues, sur vos perspectives d'avenir ou sur la satisfaction des clients.

Vous pouvez influer entièrement sur tout ce qui vous concerne directement : Quelle formation continue choisissez-vous ? Quelle qualité de travail fournissez-vous ? Comment gérez-vous les relations avec vos collègues, votre chef et vos fournisseurs ? Quel est votre moral au travail ? Il est évident que l'investissement rapporte le plus dans la zone du MOI. Nous pensons souvent qu'un individu isolé ne peut pas faire grand-chose, mais c'est en fait tout le contraire.

Bien, vous avez maintenant décidé de vous motiver et vous avez identifié les thèmes sur lesquels vous avez le plus d'influence. Il s'agit maintenant de mettre tout cela en pratique. Si cela semble clair et simple, sachez que la difficulté réside précisément dans la mise en œuvre !

⊙ Plus de 200 kilomètres de marche en plus par an

Ne vous attaquez pas tout de suite à ce qui vous importe le plus, mais appliquez plutôt les manières de penser et les méthodes des chapitres suivants à des choses qui vous semblent anodines.

Garez, par exemple, votre voiture pendant un an tous

les jours à 500 mètres environ de votre bureau et terminez le trajet à pied. Cela vous semble sans intérêt ? Si vous travaillez environ 240 jours par an, cela signifie 220 kilomètres de marche en plus sur l'année ! Sans intérêt ?

Gardons cet exemple. Supposons que vous aimeriez vraiment garer votre voiture à 500 mètres de votre bureau pendant toute une année. Jusqu'ici un vœu pieux, juste une idée jamais mise en pratique. Et vous n'êtes d'ailleurs peut-être pas tout à fait convaincu lorsque vous réfléchissez un peu plus à la question : Et quand il pleut ? Et lorsque j'ai un rendez-vous et que j'arrive un peu tard ? Et si je ne suis pas très en forme ? J'ai déjà prévu tellement de choses que je n'ai finalement pas réalisées…

◑ **Bonne résolution ou ferme intention ?**

Vous connaissez sans doute ce type de réflexions ou plutôt de bonnes résolutions. Quelle est donc la différence essentielle entre une bonne résolution et un projet que l'on mettra réellement en pratique ? Elle réside essentiellement dans ce que l'on appelle le *commitment*.

Le *commitment* est un terme issu de la psychologie que l'on peut traduire par « engagement personnel » en français. Cela signifie que vous vous obligez à faire quelque chose.

Une fois, deux fois, pendant toute une semaine, pendant dix ans – la durée de votre engagement importe peu. Il doit s'agir d'un véritable engagement, à 100 %. Choisissez donc une seule et unique chose et engagez-vous fermement à mettre votre projet en pratique. Si vous n'êtes pas certain d'y parvenir, diminuez la durée de « l'expérience » ou son intensité. Essayez, par exemple, de garer votre voiture à 500 mètres de votre lieu de travail pendant un mois ou une semaine seulement. Essayez de rester calme et de bonne humeur pendant toute une journée. Un seul jour peut-être, mais du matin au soir.

Exemples

Ce livre ne s'est pas non plus écrit tout seul : après que l'éditeur m'eut demandé de le rédiger et que j'acceptai, je pris parallèlement l'engagement (*commitment*) de mettre ce projet en pratique, en faisant de mon mieux pour écrire un livre de qualité et en le livrant à la date convenue. Comme j'exerçais un autre travail en parallèle, cela signifia pour moi de me lever une heure plus tôt le matin pour me consacrer à ce livre et y travailler également le soir, le week-end et pendant mes vacances. J'aurais aimé prospecter de nouveaux clients, passer plus de temps, voire toute une journée, à jouer avec mes enfants, mais j'ai persisté à écrire ce livre. Pourquoi ? Tout simplement pour respecter mon engagement.

Cet exemple illustre l'importance d'une promesse que l'on s'est faite à soi-même.

☺ Le compte de confiance en soi

Vous remarquerez qu'au fil du temps il deviendra de plus en plus facile de se fixer un objectif et de s'y tenir. On parle de « compte d'intégrité » ou de « compte de confiance en soi ». Ce terme est issu de la psychologie de la personnalité et explique pourquoi il est facile pour certains individus de mener à bien d'ambitieux projets, tandis que d'autres n'arrivent même pas à se passer de sucreries pendant deux jours.

☺ Le même principe que le compte bancaire

Tout le monde ou presque possède un compte en banque. Il y a les débits et les crédits. En bas du relevé bancaire figure le solde qui indique si vous avez suffisamment d'argent ou si vous vous trouvez, au contraire, dans le rouge. Vous avez également un compte similaire pour la confiance en soi. D'où le terme de « compte de confiance en soi ». Et, comme pour le compte bancaire, le solde indique si votre compte est bien approvisionné, c'est-à-dire si vous avez suffisamment confiance en vous, ou si vous êtes, au contraire, dans le rouge, c'est-à-dire si vous ne vous faites absolument plus confiance. Et ce compte aussi se distingue par des débits et des crédits.

⊙ Remplissez votre compte

Il existe d'innombrables possibilités de remplir ce compte. L'une des plus importantes consiste à se faire une promesse et à la tenir.

> Voici l'une des principales possibilités de remplir votre compte de confiance en soi : faites-vous une promesse et tenez-la.

Cela signifie qu'à chaque fois que vous vous faites une promesse, votre confiance en soi peut augmenter ou à l'inverse, diminuer, selon que vous parvenez à la tenir ou non. Cela commence par des petites choses. Vous pouvez, par exemple, vous fixer pour objectif d'arriver à l'heure à un rendez-vous. Si vous arrivez effectivement à l'heure, cela correspond en quelque sorte à un tout petit crédit sur votre compte. Et si vous n'y arrivez pas, il s'agira alors, au contraire, d'un petit débit. Le résultat est encore plus net avec de grandes promesses : vous promettez, par exemple, à un client de le livrer à temps, bien que vous sachiez que vous aurez du mal à tenir votre promesse. Si vous y parvenez, cela correspondra alors à un gros crédit sur votre compte confiance, sinon peut-être vous retrouverez-vous dans le rouge.

⊙ Les conséquences à long terme

Imaginez maintenant l'effet à long terme : le cas d'un individu qui a toujours approvisionné son compte depuis de très nombreuses années. Il est clair qu'il adoptera la même attitude pour les gros projets. Inversement, les individus qui ont « vidé » leur compte pendant des années ne pourront pas le réapprovisionner du jour au lendemain. Ils ont perdu leur assurance et leur confiance en soi et doivent d'abord commencer modestement pour sortir du rouge et se reconstituer une base saine. Nombreux sont ceux qui préfèrent ne plus rien tenter car ils pensent qu'ils n'y arriveront de toute façon pas. Mieux vaut ainsi approvisionner constamment son compte pour le faire fructifier.

Il s'agit de l'entraînement le plus efficace pour dépenser notre énergie.

En bref : Penser autrement – accroître la motivation personnelle

- Ce ne sont pas les éléments extérieurs qui nous démotivent mais nos propres pensées. Nous avons ainsi appris la pensée positive, en espérant que tout ce que nous attendons survienne. Nous avons tendance à rester passifs au lieu d'aborder activement un projet.

- La pensée engagée donne plus d'énergie pour faire les choses soi-même et les influencer, augmentant ainsi la motivation personnelle.

- Au début du chemin qui conduit à une motivation personnelle accrue se trouve une décision consciente, celle de mener à bien à un projet, quel qu'il soit.

- Au fil du temps, il devient de plus en plus facile de se fixer un objectif et de s'y tenir.

Justifier vos positions

Nous percevons maintenant ce que le filtre de notre cerveau laisse passer – et ce filtre est précisément troublé par nos convictions. Si vous êtes convaincu que l'effort en vaut la peine, vous aborderez plus facilement les choses que si vous êtes, au contraire, convaincu qu'il faut faire le moins d'efforts possible dans la vie.

Dans ce chapitre, vous apprendrez :
• comment se forment nos points de vue et nos convictions,
• comment notre perception peut nous tromper,
• comment repérer des attitudes gênantes et les transformer en attitudes utiles,
• pourquoi vous devez vous fixer des objectifs ambitieux.

Frein n° 1 : notre perception

Dans le premier chapitre, nous nous sommes inté-ressés à la manière dont nos idées et nos points de vue peuvent nous freiner. Nous allons maintenant nous demander pourquoi et comment ils s'établissent. Et, plus important encore, comment il est possible de les changer.

Voici un exemple qui vous rappellera sans doute une situation que vous avez déjà vécue.

Exemple

Il y a trente ans, à l'âge de 19 ans, François Desborde acheta sa première voiture, une Honda d'occasion, un vieux tas de ferraille qui tombait toujours en panne. Deux ans plus tard, il put enfin se débarrasser de sa voiture et en acheter une plus robuste. Il se forgea alors le sentiment que le constructeur Honda fabriquait des voitures de mauvaise qualité. Au cours des décennies suivantes, voici ce qui se passa inconsciemment dans sa tête : à chaque fois qu'il voyait un véhicule en panne en bordure de route, son inconscient cherchait la marque. S'il s'agissait d'une autre marque que Honda, il ne se passait rien. Mais lorsqu'il s'agissait d'une Honda, son esprit lui signalait alors immédiatement : « Tu as vu ça ! Encore une Honda ! Vite, note-le ! » Son esprit dressait en quelque sorte une liste, naturellement très remplie au bout de trente ans.

Aujourd'hui, François Desborde semble toujours convaincu que Honda fabrique des tas de feraille. Personne n'arrive à lui faire admettre que les Honda sont des véhicules très fiables et même les statistiques ne le font pas changer d'avis.

⊕ Comment se forment les points de vue

Les neurologues l'affirment sans détour : « Nous ne voyons pas avec les yeux – nous voyons avec le cerveau ! » Ce propos surprenant va de soi biologiquement parlant : les impressions visuelles, c'est-à-dire les images, ne naissent pas dans l'œil mais dans le cerveau.

Pour l'exprimer d'une manière moins formelle, on pourrait dire que notre cerveau contrôle notre perception. Nous faisons une expérience similaire à celle de François Desborde dans l'exemple ci-dessus, c'est-à-dire que nous avons en tête un seul et unique exemple qui finit par être généralisé au fil des ans, de telle sorte que même les faits ne peuvent pas le remettre en cause. Ainsi naissent les points de vue et les convictions. Chacun perçoit différemment le monde.

Il est, par exemple, clair qu'un citadin voit la forêt avec un regard complètement différent de celui du garde forestier. Au quotidien, nous ignorons toutefois souvent cette façon de voir et nous ne comprenons pas pourquoi le chef ne voit pas du tout les choses comme le salarié, ce dernier ayant lui-même un point de vue complètement différent de celui du comité d'entreprise, ou encore le contrôleur de gestion voyant les choses différemment du commercial qui cherche à « faire du chiffre ».

Exemple

Rendez-vous donc chez un coiffeur et demandez-lui si vous avez besoin d'une nouvelle coupe. Même si vous vous êtes fait couper les cheveux l'avant-veille, il vous répondra sans doute : « Absolument ! » Et ce n'est pas tant pour gagner de l'argent que parce qu'il s'agit de sa façon de voir les choses. Du point de vue du coiffeur, tout le monde a besoin d'une nouvelle coupe de cheveux.

On pourrait le résumer par la citation d'Abraham Maslow qui dit : « Quand on n'a qu'un marteau comme outil, on a tendance à voir tous les problèmes comme des clous. »

⊙ Nous voyons avec le cerveau

Examinons donc tout cela de plus près d'un point de vue scientifique. Nous percevons le monde avec nos sens. Nous voyons, entendons, sentons, goûtons et ressentons. Pour simplifier, nous ne nous intéresserons ici qu'à la vue – le fonctionnement est similaire pour tous les autres sens.

En premier lieu, nous avons le processus physique de la vision. Il sert à enregistrer les données visuelles via l'œil. Les images ne peuvent toutefois naître dans notre tête qu'une fois que ces données ont été interprétées par le cerveau. Sans cette interprétation, nous serions aveugles. Nous traitons et interprétons donc ces données extérieures.

Notre cerveau n'est toutefois pas une vitre bien propre au sens figuré, à travers laquelle on voit parfaitement l'extérieur tel qu'il est. Bien au contraire. Les neurologues précisent que les hommes ont un filtre à l'intérieur du cerveau qui laisse uniquement passer certaines choses. Ceci explique pourquoi deux individus peuvent percevoir des choses totalement différentes.

> Ce filtre du cerveau fonctionne selon le même principe qu'un filtre normal au quotidien : il filtre tout ce qui ne doit pas passer et enregistre tout ce qui lui est utile. Cela se passe inconsciemment et très rapidement.

C'est précisément ce filtre qui détermine la manière dont nous interprétons ce que nous voyons. Je l'appelle le filtre magique parce qu'il peut faire apparaître les situations sous une merveilleuse lumière. Inversement, il peut également faire apparaître la même situation sous un jour très négatif.

La vision proprement dite commence avec l'interprétation des impulsions électriques du nerf optique dans le centre de vision du cerveau. Les stimuli y sont analysés. La perception visuelle n'est ainsi pas seulement déterminée par l'image qui se forme sur la rétine, mais résulte bien plus de l'interprétation des données disponibles.

◗ Lorsque notre perception nous trompe

Ce qu'on appelle la « tache aveugle » n'est pas très utile pour notre perception. Biologiquement parlant, il s'agit de la partie de la rétine qui ne voit pas. Elle mesure la taille d'une pièce de monnaie et on la trouve dans les deux yeux. Nous ne percevons pas cette tache aveugle car le cerveau complète les points manquants de l'image et les interprète sans notre autorisation. Le résultat est généralement correct, mais il arrive aussi qu'il ne le soit pas.

Dans la recherche sur le cerveau, ce que l'on appelle la « *war of memories* », « guerre des souvenirs » en français, est également essentielle. Nous nous fions souvent à ce que nous voyons. Il arrive malheureusement que ces images ne soient pas vraies. Un voleur de banque décrit comme « petit, trapu et avec un bonnet en laine bleu sur la tête », peut parfaitement être en réalité un homme de taille moyenne, de corpulence normale et avec un bonnet vert ou pas de bonnet du tout. Les souvenirs comme les images peuvent ensuite être modifiés dans le cerveau. On peut alors se demander jusqu'à quel point nous pouvons nous fier à nous-mêmes.

Observez donc l'illustration ci-dessous. Concentrez-vous bien tout en restant détendu. Fixez les quatre petits points noirs verticaux pendant 30 secondes environ. Regardez ensuite une feuille blanche, tout en restant détendu, et attendez quelques secondes, que voyez-vous donc ?

Que voyez-vous ?

Plus de 80 % des individus qui se sont livrés à cette expérience distinguent, d'abord vaguement, puis de plus en plus clairement, Jésus sur la feuille blanche. Notre esprit voit un homme aux longs cheveux, avec une barbe et un sourire amical – ce que beaucoup assimilent à une image de Jésus. Fascinant !

Ne me demandez pas une explication scientifique. Je ne la connais pas. Ce n'est d'ailleurs pas essentiel ici. Il ne s'agit pas, en effet, d'évoquer les illusions d'optique ou de se demander comment elles sont possibles, mais uniquement de réaliser que nous ne voyons pas (seulement) ce qui existe réellement dans notre environnement.

Frein n° 2 : nos convictions

Si vous êtes étonné par tout ce qui se passe dans votre tête sans que vous en ayez conscience, ce qui suit va vous surprendre plus encore.

◉ Comment un point de vue se transforme en ferme conviction

Reprenons l'exemple de François Desborde et de sa Honda. Dans son filtre, il a enregistré l'idée que Honda fabrique des tas de ferraille. À partir de ce moment, il a tendance à ne voir autour de lui que ce qui confirme son point de vue. Jusqu'ici rien d'étonnant.

Cette information extérieure entre maintenant dans son cerveau – et que se passe-t-il ? D'après vous, que pensera donc François Desborde s'il aperçoit un véhicule en panne et qu'il s'agit précisément d'une Honda ? Que se dira-t-il ? Tout simplement : « J'en étais sûr ! »

C'est exactement la même chose pour le cadre supérieur auquel on a « refilé » un collaborateur à problème d'un autre service, qui passe plus de temps à se plaindre auprès du comité d'entreprise qu'à se concentrer sur la qualité de son travail. Le nouveau chef enregistre presque automatiquement dans son filtre l'idée qu'un collaborateur difficile rejoint son équipe. Ensuite il a tendance à ne voir que ce qui confirme effectivement ce point de vue. Jusqu'ici rien d'étonnant. Si ce collaborateur se fait remarquer, le chef pensera : « Je le savais ! »

◉ Nous croyons ce que nous voyons...

Le chef confirme ainsi ce qu'il croit percevoir, ce qu'il « sait » de toute façon déjà dans son for intérieur. Ce dont il est convaincu devient ainsi « encore plus vrai ». Son point de vue s'en trouve renforcé. Tout cela forme une sorte de boucle qui s'« autorenforce » en quelque sorte. Plus nous sommes convaincus de quelque chose, moins notre filtre est perméable.

> Très souvent, notre perception ne correspond malheureusement pas à la réalité.

On peut maintenant se demander ce que cela a à voir avec notre travail et notre motivation personnelle. Pour être bref : tout !

Le point de vue que vous avez sur votre travail et sur vos actes est confirmé chaque jour. Si vous pensez que cela vaut la peine de faire de votre mieux tous les jours et d'accomplir votre travail avec passion – alors vous recevrez la confirmation que cela en vaut effectivement la peine et chaque jour vous en apportera de nouvelles preuves. Inversement, si vous êtes convaincu que vous êtes exploité et mal considéré, vous serez également conforté dans votre opinion.

❍ ... et nous voyons ce que nous croyons

Ce qui ne correspond pas à notre conviction est soigneusement éliminé par notre filtre.

> Le système de filtre fonctionne de manière parfaitement autonome, c'est-à-dire sans notre intervention consciente. Cela signifie que du matin au soir ce système de filtre détermine la manière dont vous appréciez les choses et ce que vous ressentez.

Nous sommes trop souvent convaincus de quelque chose et nous constatons plus tard que c'était faux.

Exemple

Un responsable de la communication cherchait de nouvelles idées de primes. Lors d'un salon, quand son assistant lui proposa d'offrir aux visiteurs des bonbons gélifiés représentant le logo de l'entreprise, il lui dit : « Des oursons gélifiés ? Mais aucun adulte n'aime ça ! » Même si cinq de ses collaborateurs lui certifièrent qu'ils adoraient grignoter ce type de bonbon et que c'était le cas de la plupart des individus, il campa sur ses positions. Aucune chance de le faire changer d'avis.

Nous préférons souvent ignorer ce qui contredit notre opinion ou l'écarter inconsciemment. Parallèlement, nous cherchons des confirmations pour tout ce dont nous sommes convaincus. Il est ainsi rare que l'on change d'avis. Il s'agit d'un processus automatique – et si vous n'en êtes pas conscient, difficile de faire quelque chose pour vous défendre. Voilà comment fonctionne en gros le filtre magique. Et ce dernier détermine ce que vous ressentez, sans que vous ayez à intervenir ou presque.

Si l'un d'entre vous secoue la tête, sceptique, et se demande comment l'on peut être aussi borné, soyez sûr d'une chose : nous sommes exactement pareils ! Nous ne le voyons simplement pas. Nous ne le remarquons souvent que chez les autres. Posez-vous donc la question suivante : « Quand pour la dernière fois ai-je changé l'une de mes convictions ? »

Exemple

Jeanne Lemarre, cadre supérieur, était convaincue que tous les salariés se contentent d'effectuer le strict nécessaire et qu'il faut constamment contrôler leur travail. Sinon ils ne réaliseraient que 50 % tout au plus des tâches qui leur incombent. Lors d'un coaching, je montrai à Madame Lemarre des études empiriques qui arrivaient à la conclusion que les salariés donnent le meilleur d'eux-mêmes lorsqu'on leur laisse une certaine liberté d'action et que l'on respecte leur travail.

Après avoir analysé ces études, Madame Lemarre dit : « Monsieur, vous pouvez me raconter un tas d'histoires similaires à celle-ci – je sais ce que je dis. Et personne ne me fera changer d'avis. »

Mark Twain ne savait rien de la recherche moderne sur le cerveau et du filtre magique. Il a pourtant formulé clairement tout cela à travers le propos suivant : « Ce qui te met en difficulté, ce n'est pas ce que tu ne sais pas. Ce sont bien plus les choses dont tu es absolument sûr – et qui ne le sont pourtant pas forcément. »

Vous pouvez rapprocher ce point de vue qui détermine la perméabilité de notre filtre de la mise au point d'un appareil photo. Un certain sujet est mis au point et tout ce qui se trouve autour semble flou.

⊜ Un fonctionnement identique à celui de l'appareil photo

L'élément mis au point correspond à mon point de vue. Sur un appareil photo, je peux changer le réglage de manière à mettre au point le sujet de mon choix. Le principe est le même pour notre filtre.

Avant de nous intéresser à la manière dont nous ajustons nos positions, examinons les éléments qui composent ce filtre. Il s'agit d'un point très important car ils influencent considérablement notre façon de voir les choses.

1. **Nos conditions de vie** constituent, par exemple, un élément de ce filtre. Elles englobent tout ce qui, dans notre vie, nous distingue en tant qu'individus : l'âge, le sexe, la culture, etc. Un homme de 86 ans voit les choses différemment de son petit-fils de 16 ans. Une femme voit certaines choses différemment d'un homme et un Japonais n'a pas la même façon de voir les choses qu'un Italien. Même deux individus de même âge, sexe, culture. etc., ne verront pas forcément les choses de la même façon. Ainsi, un président-directeur général français de 45 ans voit sans aucun doute le monde différemment d'une institutrice d'école maternelle française de 45 ans. Les différences de points de vue sont considérables.

2. D'autre part, ce filtre comprend également toutes **nos expériences**, à commencer par l'éducation en passant par les expériences de l'enfance ou celles d'une Honda, jusqu'à la salade de pommes de terre, que vous préférez quand elle ressemble à celle que votre mère préparait autrefois.

3. Le troisième élément du filtre concerne **les émotions**. Cela va presque de soi : celui qui est amoureux et explose quasiment de joie voit plus la vie en rose que celui auquel son chef vient de signifier son licenciement surprise.

En bref : Notre filtre trie les éléments en fonction des conditions de vie, des expériences et des émotions. C'est la raison pour laquelle tous les individus perçoivent le monde d'une manière si différente.

ⓦ Découvrez tout ce qui se cache dans le filtre

On trouve bien évidemment beaucoup d'autres éléments dans le filtre mais ils ne sont pas importants pour nos convictions. Il est toutefois intéressant d'avoir une idée de tout ce qui s'y cache. Car il semble y avoir tellement de choses que vous avez peut-être l'impression qu'il n'est pas facile de le réajuster. On y trouve, par exemple, des convictions et des idées acquises pendant des années, des préjugés entretenus pendant des décennies, ainsi qu'un apparent savoir, non vérifié, mais des milliers de fois transmis.

Contrôler ses perceptions et ses convictions

Après avoir lu ce qui précède, une question vient inévitablement à l'esprit : « Comment changer ce à quoi je me suis habitué pendant des décennies ? Est-ce vraiment possible ? »

Ne vous inquiétez pas – la réponse est rassurante : « Oui, c'est tout à fait possible. » Et c'est même beaucoup plus facile qu'on ne le pense. Il existe en quelque sorte un « truc » pour pouvoir tromper notre cerveau. Voici un exemple simple et pourtant éloquent issu de mes séminaires.

Exemple

Pour faire une petite pause, je demandais parfois aux participants : « Regardez donc autour de vous. Laissez votre regard vagabonder et cherchez tous les objets verts. Ensuite, fermez les yeux. »

Puis je leur demandais : « Quels sont tous les objets de couleur bleue ? »

Aucun des participants n'était généralement capable de citer quoi que ce soit de bleu. Pourquoi ? La réponse est évidente : parce qu'ils s'étaient précisément concentrés sur le vert.

◐ Changer le filtre en se fixant un objectif

Qu'ai-je demandé aux participants dans l'exemple ci-dessus ? Il existe de nombreuses possibilités d'exprimer la réponse : de se focaliser sur quelque chose, de se fixer un objectif, une priorité – un but ! Et cet objectif conscient nous permet d'influencer notre filtre en lui fixant un objectif clair.

Supposons que vous deviez exercer une activité sans grand intérêt pendant deux heures par jour. Peut-être n'y avez-vous jamais réfléchi – veuillez donc le faire maintenant : fixez-vous pour objectif d'exercer cette activité pendant une semaine de telle sorte que vous appreniez quelque chose de nouveau, que vous vous détendiez, ou encore en vous concentrant sur l'exécution de mouvements parfaits. Demandez-vous, par exemple : « Que puis-je faire pour rendre cette activité plus agréable ? »

Un tel changement de filtre grâce à la fixation d'un objectif ne fonctionne qu'à une seule et unique condition : vous devez le vouloir ! Ne formulez pas votre objectif du bout des lèvres en disant, par exemple : « On verra bien si cela fonctionne – je vais essayer de rendre cette activité un peu plus agréable. » Si vous n'êtes pas sûr de pouvoir persévérer, fixez-vous un calendrier plus réaliste. Peut-être même un seul jour. Essayez donc de réajuster votre filtre pendant une journée.

Exemple

Tous les jours, Rodolphe Lebrun passait deux heures près du broyeur de documents. Ce n'était pas précisément son travail, il avait en effet été embauché pour réaliser des tâches bien plus complexes. Cependant, dans une entreprise qui n'employait que 5 personnes, chacun devait être capable de tout faire ou presque. Il était donc responsable de l'élimination quotidienne des dossiers.

Après avoir entendu parler du filtre magique et de la fixation d'un objectif, Monsieur Lebrun mit tout de suite en pratique ce qu'il avait appris et se fixa un objectif en se posant une question : « Que puis-je faire pour rendre cette activité plus agréable ? » Et voici ce qui se passa ensuite :

« Après m'être posé cette question, toutes sortes d'idées me vinrent à l'esprit : je commençai à me pencher sur le bruit du broyeur de documents ; je vidai les cinq bacs pleins dans sept sacs poubelle de 35 litres en pliant bien les genoux pour faire un peu d'exercice ; je me concentrai sur la pile qui devenait de plus en plus petite et je finis même par nettoyer le broyeur – chose que je n'avais jamais faite auparavant –, passer l'aspirateur sur le sol autour, faire en quelque sorte le travail d'une femme de ménage. Je me sentis alors fier et satisfait et je vis tout à coup ma journée de travail sous un nouveau jour. »

Le délai que vous vous fixez pour réussir à faire quelque chose influe largement sur le résultat que vous pouvez espérer. Vous pouvez, par exemple, décider d'aller faire du jogging deux fois par semaine pendant les quatre prochaines semaines, les quatre prochaines années, voire toutes les semaines à partir d'aujourd'hui. Fixez-vous un objectif que vous êtes sûr de pouvoir tenir.

◐ Ajustement automatique

Si vous choisissez d'opérer un changement de filtre en vous fixant un objectif, je peux vous faire une promesse : vous serez fasciné de constater à quel point c'est facile.

Pourquoi donc ? Reprenons la comparaison avec l'appareil photo. Ce dernier est équipé d'un autofocus qui règle automatiquement ce qui doit être mis au point. Sous réserve d'erreurs. Nous avons également tendance à nous servir de l'autofocus pour « ajuster » notre position. Sinon nous devrions sans cesse nous remettre en question et nous demander si notre attitude est bien adéquate. Si nous nous fixons maintenant un objectif que nous aimerions véritablement atteindre, nous réglons notre filtre sur autofocus.

Le filtre travaille alors de manière autonome ! Vous remarquez un tas de choses auxquelles vous n'avez jamais prêté attention auparavant – tout à coup vous voyez également ce qui est bleu et plus seulement ce qui est vert. Vous orientez maintenant votre attention, votre autofocus, sur des événements qui correspondent très précisément à l'objectif que vous vous êtes fixé. Lorsque le filtre est correctement ajusté et fonctionne vraiment bien, une phrase anglaise décrit parfaitement le résultat obtenu : « Things fall into composition », que l'on pourrait traduire par « Les choses s'arrangent ».

> Chacun a découvert à ses dépens les effets de ce système de filtre : celui qui a envie d'acheter un certain modèle de voiture d'une certaine couleur le voit tout à coup partout. Celle qui a fortement envie d'avoir un enfant se met à voir des femmes enceintes partout. Et celui qui a faim trouve toutes les occasions d'avaler quelque chose.

◐ Les aspects positifs et négatifs

Comme beaucoup de choses dans la vie, le filtre a des aspects négatifs et positifs. Si nous observons la question autrement, nous remarquons vite que nous avons vivement besoin de ce système. Qu'en serait-il si nous ne disposions pas d'un tel système de tri ? Nous devrions alors toujours nous demander si ce que nous avons en tête est bien vrai. Quelqu'un dirait quelque chose et nous répondrions : « Oui c'est peut-être vrai. » Nous examinerions et apprécierions les arguments de notre interlocuteur. Nous n'aurions plus d'avis propre, plus d'opinion. Nous aurions besoin de beaucoup de temps pour considérer les éléments nouveaux.

Difficile d'imaginer que le filtre n'existe pas. Ce dernier a également ses aspects positifs, qui pourraient toutefois se transformer en inconvénients. Pour certains, ces derniers sont manifestes. On entend par exemple dire : « Il n'ira pas loin avec une telle attitude. »

Les argumentations, surtout lors de discussions passionnées, vont souvent loin, jusqu'à dire à l'autre : « Sois donc raisonnable ! » Pour être plus clair, cela signifie : « Tu ne vois pas les choses telles qu'elles sont. Moi je les vois vraiment. »

On remarque souvent cela chez les autres, bien plus rarement chez soi-même.

Exercice : Votre propre filtre
Cet exercice vous permettra de mieux connaître votre propre filtre.
1. Notez des situations dans lesquelles votre filtre a été sciemment ou inconsciemment contrôlé par d'autres personnes (positivement ou négativement). Il peut, par exemple, s'agir de situations dans lesquelles l'argumentation d'un interlocuteur vous a fait complètement changer d'avis.
2. Notez des situations dans lesquelles vous avez sciemment ou inconsciemment contrôlé votre propre filtre. Pensez, par exemple, à une personne sur laquelle vous aviez une certaine opinion, que vous avez ensuite changée. Comment ce changement de filtre s'est-il réalisé ? Qu'est-ce qui vous a particulièrement aidé ?

La plupart des individus ont du mal avec la première partie de l'exercice. Il arrive souvent qu'aucune
situation ne leur vienne à l'esprit. Il est vrai que cela
peut donner réfléchir. C'est d'ailleurs l'objectif ! Voilà
ce qui se cache derrière cet exercice : de quoi avons-
nous besoin pour nous détacher de nos convictions et
nous ouvrir à la nouveauté, aux changements ? Pour
être prêts à accepter des avis complètement différents
du nôtre ?

La deuxième partie de l'exercice est plus facile pour
la plupart des gens. Voici le message sous-jacent : Tu
vois – c'est possible !

☼ Passez en mode pilote automatique

Le système de filtre a un arrière-plan scientifique qui
met clairement en évidence la différence entre les per-
ceptions consciente et inconsciente : vous ne pouvez,
par exemple, lire ces lignes que de manière consciente.
Inconsciemment, vous pouvez conduire une voiture
tout en mangeant un petit pain, en téléphonant, ou
encore en pensant à un collègue malade, le tout sans
avoir d'accident. Cela tient au fait que nous pouvons
traiter beaucoup plus d'informations – leur nombre
tend à varier mais les neurobiologistes s'accordent sur
le principe – inconsciemment que consciemment. La
question est alors de savoir quelles informations sont
éliminées et qui se charge de cette tâche.

Votre filtre se charge du tri des informations, la plupart du temps inconsciemment. Il n'y a que lorsque vous assignez à votre filtre un objectif concret qu'il sert alors votre intérêt.

◉ Votre énergie correspond à votre attention

Notre énergie correspond à notre attention, à nos objectifs. Il ne s'agit pas d'une « bêtise à la dernière mode ». Ce principe est très ancien et s'exprime particulièrement bien dans un principe Huna des indigènes hawaïens ainsi formulé : « Energy flows where attention goes. » On ne peut pas se concentrer sur tout à la fois. Cela explique également que notre filtre doive éliminer ce qui n'est pas important. Lorsque je me concentre consciemment ou inconsciemment sur quelque chose, j'oriente automatiquement mon énergie vers cette chose.

Le principe « Energy flows where attention goes » a même trouvé une application dans la psychothérapie. C'est ce qu'a constaté Steve de Shazer, à l'origine de la thérapie brève centrée sur la solution : « Parler d'un problème amplifie le problème en question. Parler de la solution la rend plus vraisemblable. »

Certains individus s'attaquent toujours à ce qui est important pour eux. Ils ne sont absolument pas hyperactifs ou concentrés jour et nuit sur ce qui les intéresse, mais ils ont simplement ajusté leur filtre de telle sorte qu'il laisse passer ce qui est important pour eux et ils le laissent faire en se mettant en quelque sorte en mode « pilote automatique ».

Plus les objectifs sont ambitieux, plus la motivation personnelle est forte

Concentrez toute votre énergie sur une chose importante. Fixez-vous un objectif si ambitieux que vous deviez fournir des efforts pour l'atteindre !

Pourquoi ? C'est très simple : le filtre gère également l'accès à vos ressources personnelles, vos réserves d'énergie. Si le message est le suivant : « Pas de problème – je peux y arriver avec 70 % d'efforts ! », vous n'utiliserez alors que 70 % de votre énergie. Si vous souhaitez vraiment faire de votre mieux, votre filtre ouvrira l'accès aux toutes dernières parcelles de votre énergie. Pensez à l'effet placebo : vous développez autant d'énergie que vous êtes convaincu d'avoir besoin pour atteindre votre objectif.

⚙ Faites-vous confiance

Plus l'objectif que vous vous fixez est ambitieux, plus votre motivation personnelle sera importante. Il faut, bien évidemment, que cet objectif puisse être atteint – sous peine d'obtenir un effet contraire à celui escompté. D'une manière générale, les individus ont plutôt tendance à se fixer des objectifs trop simples plutôt que trop ambitieux. Faites donc preuve de courage !

Exemple

Imaginez, par exemple, que vous vous fixiez pour objectif de rédiger une candidature pour le poste de vos rêves. C'est la deuxième fois que l'annonce paraît ; jusqu'ici vous n'avez pas osé postuler. Peut-être pensez-vous maintenant avoir vos chances, en tout cas vous avez décidé d'agir. Vous voilà « gonflé à bloc ». Demain soir, vous constituerez votre dossier de candidature et vous l'imprimerez.

Que pensez-vous que vous ferez demain soir ? Vous vous assoirez, comme à votre habitude, dans le canapé devant la télévision ? Ou vous vous pencherez conscien-cieusement sur votre dossier de candidature ? Vous vous attaquerez à votre candidature et vous y passerez le temps nécessaire, jusqu'à ce qu'elle soit parfaite, même si vous devez pour cela y travailler jusqu'à 2 h du matin ! Peu importent les émissions qu'il y aura à la télévision. Vous débordez d'énergie. Pour être plus clair : vous avez l'énergie nécessaire pour terminer votre dossier de candidature.

On peut comparer cet exemple à celui du coureur de marathon qui s'effondre épuisé juste derrière la ligne d'arrivée. Si l'objectif avait été fixé à 1 kilomètre plus loin, il l'aurait pourtant également atteint.

Votre objectif vous aide ainsi à dépenser plus d'énergie et vous fait parallèlement sortir de votre zone de confort. Dans le chapitre suivant, vous découvrirez les difficultés qui vous attendent et vous apprendrez à les surmonter.

En bref : Ajuster vos positions
• Une même situation est perçue différemment selon les individus.
• Raison : nous ne percevons que ce que le filtre de notre cerveau laisse passer – et ce filtre est troublé par les convictions que nous nous sommes forgées au cours de notre vie à travers nos expériences.
• Notre motivation personnelle est également dépendante de ce filtre.
• Ce filtre qui se trouve dans notre tête peut heureusement se contrôler si l'on se fixe un objectif clair. Nous pouvons alors influer sur nos points de vue et nos convictions et augmenter notre motivation personnelle.
• Plus les objectifs que nous poursuivons sont ambitieux, plus notre motivation personnelle est importante.

Développer votre goût du risque

Nous avons tendance à aimer le confort. Pourtant, lorsque nous privilégions notre confort, nous avons tendance à laisser passer des chances et des occasions exceptionnelles. Si nous savons exactement ce qui serait bon et important pour nous, nous ne le faisons toutefois pas.

Dans ce chapitre, vous apprendrez :
* pourquoi nous apprécions tant le confort,
* pourquoi, alors que nous recherchons la satisfaction, nous nous retrouvons finalement insatisfaits,
* comment forcer notre nature,
* comment réussir à aborder aussi ce qui est désagréable,
* comment accroître notre motivation personnelle grâce à cinq boules.

Pourquoi nous apprécions tant le confort

Ralph Waldo Emerson, contemporain américain de Nietzsche au XIXe siècle, disait : « Les individus aspirent au confort. Il y a pourtant de l'espoir pour ceux qui ne vivent pas dans le confort. » Intéressons-nous d'abord à l'aspiration au confort.

Exemple

Il y a un certain temps, j'organisais dans une entreprise des ateliers pour les salariés sur le point de quitter leur poste dans les prochains mois en raison de leur âge. Lorsque je les interrogeais sur leurs projets, beaucoup répondaient : « Vous savez, Monsieur, cela fait trente ans que je travaille. Quand je serai à la retraite, je ne ferai absolument plus rien *du tout* ! »

Réfléchissez donc à cela : que risque-t-il de se passer si le retraité ne fait effectivement « plus rien du tout » ? S'il se laisse aller pendant des années, ne relève plus aucun défi et ne veut plus faire aucun effort ?

⬇ La vie dans la zone de confort

Référons-nous ici au modèle de l'oasis de bien-être. J'appelle parfois également ce modèle de pensée « mon petit monde idéal » – la littérature spécialisée parle souvent de « zone de confort ».

Cette notion n'a pas une définition unique dans la littérature. On entend souvent les dirigeants dire que les salariés devraient « sortir de leur zone de confort ». Inversement, de nombreux individus s'opposent à cette idée car elle implique pas mal d'efforts. Qu'entend-on donc exactement par « zone de confort » ?

⊙ Allongez les jambes, allumez la télévision, ne pensez à rien

Ma situation préférée : vendredi soir 20 h 15 devant la télévision. Je regarde une émission pour gagner des millions. Sur la table basse, il y a des chips, du jus de fruits, du vin et de la bière. Je suis confortablement installé dans mon fauteuil, les pieds posés sur un pouf. L'image parfaite d'une zone de confort, calme et agréable. On se trouve ici dans le domaine du connu, des rituels, de la sécurité, de la routine, du quotidien. Je me sens bien, détendu, serein. Et je peux même me faire un peu plaisir, si j'arrive, par exemple, à répondre à la question à 32 000 euros.
Jusqu'ici tout va bien. On se demande ce qui pourrait ne pas aller. Rien pour le moment. Mais attention, que trouve-t-on donc en dehors de cette zone ? Exactement le contraire. Le manque de confort, de calme, des choses désagréables, le stress, l'inconnu, la nouveauté, le changement, le risque, des problèmes, l'insécurité, la peur.

Imaginons maintenant un cercle qui rassemblerait toutes ces notions, une illustration du modèle de la zone de confort :

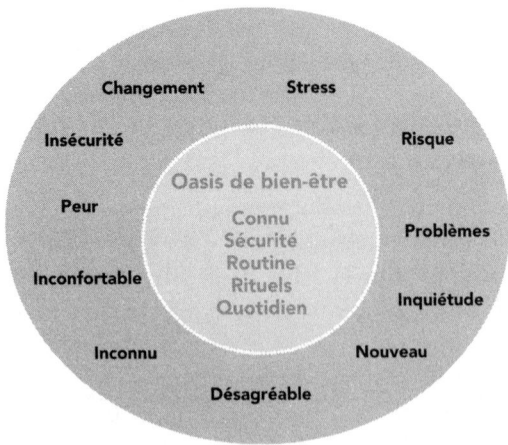

Le modèle de la zone de confort

⊕ Qu'avez-vous déjà accompli dans votre vie ?

Avant d'en finir avec ce raisonnement, voici un petit exercice à faire dans votre tête : prenez une minute et faites défiler votre vie à toute allure. Rappelez-vous tous les événements dont vous êtes fier. C'est-à-dire tout ce que vous avez entrepris et réussi. Peut-être avez-vous réussi à surmonter une crise, aidé un ami en détresse, réalisé quelque chose auquel personne ne croyait ou êtes-vous simplement allé plus loin que vous ne le pensiez.

- Qu'ai-je donc fait dans ma vie jusqu'ici ?
- Quelles crises ai-je surmontées ?
- De quoi suis-je fier ?

Terminé ? Si vous n'y arrivez pas, fermez un moment ce livre et réfléchissez plus en détail à toutes ces questions.

Pourquoi il faut parfois sortir de sa zone de confort

Une fois que vous avez répondu aux questions précédentes, posez-vous donc les questions suivantes : Comment avez-vous donc réussi à obtenir les résultats dont vous êtes fier ? Avez-vous dû pour cela sortir de votre zone de confort ou y êtes-vous parvenu sans la quitter ?

Votre réponse sera tout aussi simple que surprenante : vous avez obtenu tout ce dont vous êtes fier en sortant de votre zone de confort.

> Formulé quelque peu différemment, il s'agit d'une loi psychologique : « Plus une chose exige d'efforts, plus elle a de valeur pour nous. »

Ou, à l'inverse, tout ce qui tombe du ciel a moins de valeur pour nous que tout ce qui nous a obligé à travailler dur pour l'obtenir.

☯ Développement personnel : uniquement en dehors de la zone de confort

Vous devinez où je veux en venir avec mes propos : « Si je veux obtenir quelque chose qui est important pour moi, alors je dois sortir de ma zone de confort ! » Ce n'est pas un hasard si l'on parle également de zone de croissance. Vous ne pouvez évoluer et grandir qu'en dehors de cette zone. À moins que vous ne pensiez que l'on peut développer sa personnalité en regardant « Qui veut gagner des millions ? » tout en grignotant des chips ? Ce n'est, bien évidemment, pas possible.

> C'est un fait : nous ne pouvons évoluer qu'en dehors de notre zone de confort. C'est là que nous trouvons les défis si importants pour nous, que nous pouvons relever et qui font que l'on se sent bien et confiant ensuite.

Face à cela se trouve l'autre besoin naturel de l'homme : rester à l'intérieur de sa zone de confort. Celui qui est tranquillement assis devant la télé le soir et que son voisin appelle pour lui proposer une soirée jeux a tendance à refuser – il préfère, en effet, ne pas sortir de sa zone de confort. Est-ce vraiment ce que vous souhaitez pour vous-même ?

Nous avons tous déjà été confrontés aux deux arguments massues employés pour refuser les innovations : « Nous avons toujours fait ça comme ça » et « Nous n'avons jamais fait ça comme ça ». En d'autres termes : « Nous allons continuer à faire comme nous avons toujours fait jusqu'ici. » Ces propos mettent clairement en évidence où cela nous conduit lorsque nous ne voulons plus sortir de notre oasis de bien-être : à la stagnation.

⊙ Le mal n'est pas dehors

Nombreux sont ceux qui pensent que même si l'on peut évoluer, relever des défis et obtenir des succès à l'extérieur de la zone de croissance, « le mal » guette aussi. Les guillemets soulignent l'aspect ironique du terme employé ici mais de nombreux participants à des ateliers semblent le penser si sérieusement que je l'ai presque intégré à mon répertoire linguistique. C'est bien évidemment une conclusion erronée ! Car « le mal » ne guette pas dehors, mais plutôt tout ce qui est nouveau, c'est-à-dire les changements, le risque, peut-être aussi la peur. Il s'agit, bien évidemment, de choses auxquelles personne n'a envie de s'exposer volontairement. Qui a envie d'avoir peur ? Mais les changements ou la peur ne sont pas synonymes de mal – ils sont même souvent utiles et nécessaires.

◑ Un échec doit-il être forcément négatif ?

Nous avons agi intelligemment, nous avons quitté de temps en temps notre oasis de bien-être, nous nous sommes lancé des défis et nous nous sommes ainsi épanouis personnellement.

Il est certain que des échecs et des défaites nous attendent aussi à l'extérieur. Mais on peut parfaitement observer ces éléments apparemment négatifs à travers un autre filtre : « Rien n'est aussi efficace que l'échec. » Avec ce propos surprenant, l'écrivain Oliver Herford voulait dire que nous apprenons ou pourrions apprendre de nos échecs.

Pour l'enfant qui rapporte un 5 en mathématiques à la maison, on peut bien évidemment parler d'échec. Mais on peut aussi lui faire comprendre que ce 5 montre qu'il aurait dû mieux apprendre ses cours et faire plus d'exercices pour les mettre en pratique.

Nous pouvons tout à fait transposer cet exemple à la vie active : Vous avez déjà reçu 17 réponses négatives aux candidatures que vous avez envoyées ? C'est la troisième fois que l'on vous refuse une augmentation ? Vous n'avez pas réussi à conclure le contrat tant espéré ? Peut-on parler d'échecs ? Ne s'agit-il pas plutôt de preuves que vous pouvez mieux faire ?

Pour tendre l'arc de l'échec jusqu'à la zone de confort, nous trouvons à l'extérieur des notions qui nous sont généralement désagréables mais qui peuvent aussi s'avérer positives si on y regarde de plus près.

☽ Pourquoi les problèmes sont-ils en réalité des chances ?

Basons-nous sur certains problèmes pour mettre cela en évidence. Ces problèmes se trouvent, bien évidemment, en dehors de notre zone de confort. Qui veut donc avoir des problèmes ? Avant d'examiner la question de plus près, voici une petite remarque pour les lecteurs (et lectrices) qui ont déjà entendu de tels propos : cela ne sert à rien de dire à quelqu'un qui croule sous les problèmes que ces derniers sont en réalité des chances à saisir ou des défis à relever. Il risque de vous répondre avec un sourire cynique : « Je voudrais bien te voir à ma place. » Difficile d'accepter de telles platitudes dans cette situation.

Indépendamment de tels cas critiques, il vaut toutefois la peine de se demander ce que l'on entend exactement par « problème ». Il s'avère souvent qu'il s'agit plutôt d'une situation de décision. Je dois décider si je pars à gauche ou à droite. Si j'accepte ou non l'offre d'emploi à l'étranger. Si j'accorde ou non la remise demandée au client. Si je dis ou non la vérité à mon chef, etc.

Vous pouvez donc tout à fait donner un autre nom au « problème », tel que « situation de décision »,

« tâche », « défi », ou encore « occasion ». En lisant l'exemple ci-après, un autre mot vous viendra certainement à l'esprit.

Exemple

Un homme âgé furieux appelle le service client d'un site de vente de livres en ligne : « Je suis très déçu ! J'ai commandé sur votre site un livre que je souhaitais offrir à un ami pour son anniversaire, le paquet vient d'arriver mais il est déchiré et un coin du livre est complètement abîmé ! Je ne commanderai plus jamais rien sur votre site, c'est vraiment inacceptable ! » Voilà précisément ce qu'il dit à la dame qui se trouve à l'autre bout du fil. Supposons que la dame en question ait été correctement formée, elle approuvera alors sa réaction et lui confirmera que cela ne devrait pas arriver. Voici ce qu'elle pourrait lui dire : « Vous savez quoi ? Je vous fais une proposition : je vous envoie immédiatement et à nos frais un nouvel exemplaire du livre. Vous devriez le recevoir dès demain. Et vous pouvez également conserver le livre abîmé. Je vois sur l'ordinateur que vous êtes un fidèle client. Acceptez-vous ma proposition ? » Le client accepterait et la situation serait réglée.

Avant la réclamation, le client n'était qu'un numéro pour l'entreprise et cette dernière un simple vendeur pour le client. La réclamation a entraîné une dégradation de la relation entre le client et l'entreprise –

elle est précisément sur le point de se rompre. Voici maintenant la question capitale : qu'en est-il de cette relation une fois la réclamation du client gérée avec succès par le service client ? Identique à avant ? Pire ? Meilleure ? Meilleure, bien évidemment. Cet exemple illustre clairement que lorsqu'on réussit à aborder les problèmes d'une manière radicale (*radix* = racine ; éliminer à partir de la racine), la situation est alors meilleure qu'elle ne l'était à l'origine. Voilà la raison essentielle pour laquelle les problèmes sont toujours aussi des chances d'améliorer une situation.

> Dans le dictionnaire, on trouve la définition suivante du mot « problème » : du grec *próblema*, ce qui est à résoudre, ce qui est mis en avant ; ce qui a été présenté [comme solution].

Un problème est donc quelque chose qui m'est présenté comme une solution à trouver. Pourrait-on parler de filtre orienté solution ?! Un proverbe chinois va même encore un peu plus loin en affirmant : « Les problèmes te montrent si tu veux vraiment quelque chose. »

Examinons cela de plus près : j'aimerais obtenir quelque chose et je rencontre un problème en chemin, c'est-à-dire une difficulté, un obstacle qui semble insurmontable. Est-ce que je capitule maintenant ? Est-ce que j'abandonne ? Est-ce que j'essaye encore une fois ? Est-ce que j'essaye en utilisant un autre moyen ? Si je laisse tomber, je montre alors que ce n'était pas aussi important que cela pour moi puisque je n'ai pas voulu faire d'efforts supplémentaires.

Comment échapper au piège du confort

Un autre aspect est important, même au risque de rencontrer une vive opposition. Lorsque nous disons, en effet, que les défis qui nous permettent d'évoluer se trouvent en dehors de notre zone de confort, qu'entend-on exactement par là ? Peut-être en avez-vous déjà une idée : au cœur de la zone de confort se trouve tout ce qui est ordinaire, médiocre, moyen.

☻ À bas la médiocrité !

Voulez-vous vivre une vie médiocre ? Le potentiel humain ne se développe pas dans la médiocrité. Votre potentiel ne se situe pas dans la moyenne. Pour le développer, je dois m'ouvrir à la nouveauté, oser de nouvelles expériences, choisir d'autres voies, représenter des opinions impopulaires. On peut citer le poète américain Robert Frost qui dit : « Deux chemins se séparaient dans la forêt. Je choisis de prendre celui qui n'avait guère été emprunté. Cela fit toute la différence. » Le chemin sur lequel on est déjà passé est, certes, plus confortable, mais il conduit généralement à la médiocrité.

⊙ La satisfaction rend insatisfait

Nous ressentons souvent cela en tant qu'êtres humains. C'est aussi la raison pour laquelle la satisfaction apparente nous rend insatisfaits sur le long terme. Aussi séduisante qu'elle puisse sembler au premier abord, une vie sans réels défis et efforts s'avère finalement peu satisfaisante. Il faut aussi savoir que plus on restera longtemps à l'intérieur de notre zone de confort, plus on aura du mal à en sortir. C'est également la raison pour laquelle tant de salariés ont du mal à accepter les changements après avoir exercé la même activité pendant des années.

Exemple

Lorsqu'il est question de la zone de confort dans mes séminaires, j'entends souvent la réaction suivante : « Je ne suis pas un bourreau de travail et je ne veux pas faire un infarctus ou un *burn-out* ! J'aime bien pouvoir me reposer, allonger mes jambes et laisser mon esprit vagabonder. Je préfère effectivement rester à l'intérieur de ma zone de confort et éviter si possible d'en sortir. Vous n'arriverez pas à me persuader qu'il faut que j'en sorte ! »

Tout le monde a le droit de penser cela. Il est toutefois important de se poser la question suivante : « Que se passe-t-il lorsque je ne sors plus du tout de ma zone de confort ? » Celle-ci peut se transformer en piège du confort – plus longtemps je reste à l'intérieur de ma zone de confort, plus j'aurai du mal à oser ne serait-ce que quelques petits pas dehors. D'où l'intérêt d'en sortir de temps en temps.

Je dis volontairement : « de temps en temps ». Il ne s'agit en aucun cas de demeurer dehors tout le temps. Au contraire, nous avons besoin de notre zone de confort pour recharger nos batteries, pour faire le plein d'énergie, pour reprendre des forces en vue du prochain sommet à gravir.

⊛ Faites-vous de votre mieux pour ce qui est vraiment important ?

Il est certain qu'il ne faut pas sortir de sa zone de confort pour tout et tout le temps, mais plutôt pour ce qui est véritablement important. Dans mes séminaires, je pose parfois la question suivante : « Qu'est-ce qui est vraiment très très important pour vous ? » En insistant ainsi, je mets en évidence qu'il ne doit pas s'agir du prochain gros achat ou du prochain voyage mais de ce qui signifie vraiment quelque chose dans la vie. Les réponses sont généralement identiques pour tous, quelle que soit l'activité exercée : la santé, la famille et les amis, le travail, le développement personnel.

Lorsqu'on en arrive ensuite au cours du séminaire à demander ce que les gens sont prêts à faire pour ces choses si importantes pour eux, il règne alors un silence pesant. Et quand on leur demande pourquoi ils n'arrivent pas à poursuivre ces objectifs si importants pour eux, les réponses sont les suivantes : il est difficile de forcer sa nature, de renoncer à son propre confort ; beaucoup d'autres notions abordées dans ce chapitre sont également évoquées.

Comment réussissons-nous, à court terme et durablement, à accepter les « effets secondaires » indésirables pour nous attaquer à ce qui est vraiment important pour nous ? Je ne sors de ma zone de confort que lorsque ma motivation personnelle est suffisamment importante. Examinons ce concept d'un peu plus près : le mot « motivation » vient du latin *motivum* et signifie en quelque sorte « motif ». Nous avons besoin d'une raison suffisamment forte pour nous faire sortir de notre zone de confort et demeurer à l'extérieur même en cas de difficultés.

Cinq billes pour un objectif

Pour les exercices, j'ai souvent l'habitude de travailler avec un pendule à billes. Vous connaissez sans doute cet objet. Cinq billes identiques sont généralement disposées les unes à la suite des autres et à la même hauteur, de telle sorte qu'elles se touchent. Lorsqu'on lance l'une des deux billes extérieures et qu'on la laisse tomber contre les autres billes, quelque chose d'inhabituel se passe. On s'attendrait, en effet, à ce que cette bille « se fracasse » en quelque sorte contre les quatre autres, comme si elle se cognait contre un mur. Or, ce n'est pas le cas. En effet, c'est la bille qui se trouve la plus à l'extérieur de l'autre côté qui se met en mouvement. La bille lancée est attirée comme par un aimant. Les trois billes centrales ne bougent pas. Lorsque la bille extérieure qui a été touchée revient ensuite en place, elle met également en mouvement la bille la plus extérieure de l'autre côté – une fois encore, les trois billes centrales ne bougent pas. Le processus se répète jusqu'à ce que tout le système s'immobilise.

Plus étonnant encore, lorsqu'on lance maintenant deux billes en même temps d'un côté, deux billes se mettent alors en mouvement de l'autre côté, idem avec trois et quatre billes.

⬇ Ce que nous apprend le pendule de Newton

Le pendule de Newton met en évidence le principe de la conservation de la quantité de mouvement d'un point de vue scientifique. Il s'agit bien plus encore d'un modèle de vie. Disons, par exemple, que cinq billes représentent 100 %. Une bille correspond alors à 20 %. Vous pouvez maintenant décider du nombre de billes avec lequel vous voulez jouer.

Le pendule à billes

Exemple

Aimeriez-vous accéder à l'échelon hiérarchique supérieur ? Combien de billes souhaiteriez-vous lancer pour faire bouger les choses ? Une seule ? Il est alors certain que vous n'atteindrez pas votre but. Cinq billes ? Parfait – vous êtes alors certain d'atteindre votre objectif !

Comment réussissons-nous à jouer avec cinq billes pour les thèmes qui sont importants pour nous ? Comment arrivons-nous à sortir de notre zone de confort, à accepter l'inconfort et à rester à l'extérieur de notre zone de confort, même lorsque cela devient difficile ?

Comme vous l'avez constaté dans le chapitre « Ajustez vos positions », cela signifie que vous vous obligez intérieurement à suivre à tout prix votre objectif – même si des collègues vous mettent des bâtons dans les roues et même si cela ne fonctionne pas dès le premier coup. Vous vous promettez de consacrer toute votre énergie à la poursuite de votre objectif. Pour reprendre le propos de Theodor Fontane : « On n'obtient pas un tout avec des demi-mesures, le prix le plus élevé doit exiger l'investissement le plus important. » C'est ce que nous avons vu avec le *commitment*, « se promettre quelque chose et s'y tenir. »

> Il est dans la nature humaine de faire preuve d'un « comportement cohérent ». Lorsque des individus ont pris une décision, ils veulent ensuite se comporter en conséquence. Prenez donc une décision, engagez-vous et constatez avec étonnement à quel point le comportement que vous adoptez est cohérent.

L'un de mes principes personnels est celui du « five to one ». J'entends par là « *cinq* billes pour *un* objectif. » Habituez-vous à suivre ce principe pour les thèmes qui sont importants pour vous. Le succès ira alors presque de soi.

☯ Cinq conseils pour forcer votre nature

Avant d'emprunter la voie royale, voici encore quelques conseils pour passer à l'action et vous en sortir rapidement et sans douleur.

⊛ 1. Fixez-vous des objectifs à durée limitée

Comme nous l'avons déjà évoqué, l'homme a tendance à continuer à faire comme il a toujours fait jusqu'ici. Pour tout ce que nous devons faire, fixons-nous des objectifs à durée limitée. Si vous n'avez, par exemple, pas envie de ranger votre bureau alors que c'est vraiment utile, dites-vous donc : « Je vais faire cinq minutes de rangement. » Il y a de fortes chances que vous y passiez le temps nécessaire une fois que vous vous y serez mis.

⊛ 2. Partagez une promesse avec quelqu'un d'important pour vous

Lorsque vous vous êtes promis de faire quelque chose, partagez cette promesse avec une personne qui compte pour vous. Dites, par exemple, à vos enfants que vous n'allez plus fumer à partir d'aujourd'hui. Informez votre conjoint que vous allez développer votre carrière dans les deux prochaines années ou irez voir votre chef pour lui signaler que vous allez tout mettre en œuvre pour pouvoir accéder à l'échelon hiérarchique supérieur.

⊛ 3. Divisez votre projet en plusieurs éléments

Comment donner le meilleur de moi-même tous les jours ? Que cela signifie-t-il donc concrètement ? Il se peut que les projets ambitieux m'effraient plus qu'ils ne me motivent. Divisez de préférence vos gros projets en plusieurs petits éléments concrets. Par exemple : « Pour commencer je m'occupe de la recherche de nouveaux clients. J'essaierai de passer X appels tous les mois. Pour faire de mon mieux, j'accepte une formation dans le domaine Y et... » Remarquez-vous comme le cerveau commence tout à coup à fonctionner d'une manière complètement différente ? Ce gros projet confus s'est transformé en plusieurs petites tâches intéressantes qui ne semblent plus du tout au-dessus de vos forces.

⊙ 4. Dressez une liste

Connaissez-vous le film *Sans plus attendre* avec Jack Nicholson et Morgan Freeman ? Il raconte l'histoire de deux personnes atteintes d'un cancer qui n'ont plus que quelques mois à vivre. Elles dressent une liste de tout ce qu'elles aimeraient encore faire avant de mourir.

Inspirez-vous de cette idée et rédigez donc une liste contenant tout ce que vous aimeriez encore faire, obtenir, voir, réussir dans votre vie. Je suis certain que cette liste sera longue ! Psychologiquement, vous repousserez ainsi les projets sans importance à l'arrière-plan : « Je n'ai vraiment pas le temps maintenant pour de telles bêtises, j'ai encore tellement de choses vraiment importantes sur ma liste. » Essayez donc !

5. Réfléchissez !

Répondez aux deux questions suivantes : Où aimerais-je me trouver professionnellement dans dix ans ? De quelles compétences/aptitudes ai-je besoin pour cela ? En réfléchissant à ces deux questions, vous sortirez de votre zone de confort et vous agirez !

Faire volontiers des choses désagréables

Comment puis-je faire *volontiers* des choses désagréables ?

☯ Le tai chi du quotidien

Exemple

Marie, mère de deux enfants, est femme au foyer et ne tient pas en place. Il y a une seule chose qu'elle déteste : le repassage. Elle ne cesse de le répéter. Un jour, elle participe à un coaching réservé aux mères et à leurs enfants. Quelques semaines plus tard, Marie explique qu'elle repasse volontiers et que le repassage est maintenant devenu une activité agréable. Quand je l'interroge avec étonnement au sujet de ce changement, elle m'explique que lors de ce coaching, elle a également profité de « discussions psychologiques » et que son thérapeute lui a conseillé de considérer pendant quelques semaines le repassage

comme le « tai chi du quotidien ». En profiter pour
se détendre, ne penser à rien et « déconnecter ». Et
aujourd'hui Marie se réjouit dès le matin en pensant à
son « tai chi du quotidien ».

Cette histoire m'a d'abord fait sourire, puis j'y ai
réfléchi et voilà ce que je dis aujourd'hui à de nombreux participants à mes séminaires : considérez les
tâches assez monotones que vous devez de toute façon
accomplir comme le tai chi du quotidien.

⬇ Le test des 90 jours

Vous pouvez associer le tai chi du quotidien à la
proposition suivante : faites le test des 90 jours. Le
principe est le suivant : pour mener à bien un projet
qui vous est désagréable, donnez-vous 90 jours. Ce
n'est qu'à l'issue de ce laps de temps que vous déci-
derez de poursuivre ou de tout arrêter.
Pourquoi 90 jours, vous demandez-vous. Pourquoi
si longtemps ? Ce laps de temps vous aide à vous
habituer à quelque chose de nouveau. Si vous devez
mener des entretiens d'évaluation – à raison d'un par
jour – pendant une semaine, vous serez vraisemblablement content lorsque cette semaine sera terminée.
Imaginez que vous deviez le faire pendant 90 jours !
Au début, vous serez peut-être un peu hésitant et au
bout d'une semaine vous aurez peut-être envie de tout
laisser tomber mais, si vous persévérez, au bout de

90 jours vous ne pourrez sans doute plus vous passer de ces entretiens.

Faites une chose que vous avez toujours considérée comme désagréable jusqu'ici et persévérez pendant 90 jours. Dressez ensuite un bilan.

☻ Battez-vous pour exécuter des tâches désagréables

En règle générale, dans toutes les entreprises, il y a des tâches que personne ne veut faire. Elles sont réparties et généralement exécutées sans motivation et après plusieurs relances.

Il existe une exception : un « fou » s'attelle à la tâche désagréable. Il s'en occupe consciencieusement, rapidement, jusque dans les moindres détails, avec passion et en mettant du cœur à l'ouvrage, comme s'il s'agissait de l'une de ses activités préférées. Et cela pas une fois seulement, mais pour toutes les tâches que les autres refusent.

Dois-je continuer à développer cette idée ? Non, je suis certain que vous savez exactement ce qui va se passer dans les prochains mois et années et ce qui va arriver à ce « fou » dans l'entreprise.

Conclusion : soyez « fou » ! Battez-vous pour réaliser au moins une tâche désagréable. Exécutez-la comme s'il s'agissait du projet de toute une vie. Et convoitez ensuite la prochaine tâche dont personne ne veut s'occuper !

◉ Cinq billes uniquement pour ce qui est vraiment important

Les manières d'agir évoquées précédemment – tai chi du quotidien, test des 90 jours et se battre pour accomplir une tâche désagréable – ont fait leurs preuves et donnent des résultats. Je vous recommande toutefois de ne pas les appliquer à tout et n'importe quoi mais uniquement à ce qui est véritablement important pour vous ou ce qui peut, d'après vous, le devenir. Si vous jouez toujours avec cinq billes, c'est-à-dire que vous êtes toujours à fond, vous oubliez alors de « faire le plein d'énergie » et vous risquez de vous retrouver bloqué à mi-chemin. Jouez donc uniquement avec cinq billes pour ce qui est vraiment très très important pour vous.

◉ Dix conseils pour sortir soi-même de sa zone de confort

Voici encore quelques conseils pour vous aider à vous libérer vous-même de votre zone de confort dans les domaines professionnel et privé et même à prendre du plaisir à le faire.

1. Aujourd'hui au bureau, répondez « non » à toutes les demandes internes. Sans justification.
2. Allez au bureau sans cravate pour une fois, ou au contraire mettez-en une si vous n'en portez pas habituellement. Sans justification.

3. Offrez-vous des conseils en matière de couleur et de style.

4. Envoyez une candidature spontanée anonyme dans laquelle vous décrivez vos qualifications – peu importe que vous soyez ou non à la recherche d'un emploi. Vous serez surpris du résultat.

5. Allez voir un collègue qui a un avis contraire au vôtre sur un sujet. Demandez-lui : « Quel est donc votre avis sur cette affaire ? Expliquez-moi comment vous en êtes arrivé à cette position. »

6. Tous les jours pendant une semaine, changez de chemin pour aller au travail.

7. Contactez des clients de la concurrence. Dites que vous réalisez une enquête et que vous aimeriez savoir pourquoi ils n'achètent pas leurs produits chez vous ou ce qu'il faudrait faire pour que cela change.

8. Travaillez pendant une journée sans téléphone portable ni Internet. J'imagine votre réaction : « C'est impossible. » Vous verrez que c'est tout à fait possible au contraire, croyez-moi !

9. Demandez un entretien à trois experts de votre domaine en convenant d'un déjeuner ou d'un rendez-vous au bureau à une certaine heure. Posez-leur des questions qui vous intéressent particulièrement.

10. Présentez un exposé sur un sujet qui vous inté-
    resse, où bon vous semble.

Gérer les échecs

« Maintenant qu'il m'arrive de sortir de ma zone de
confort – cela finira bien par payer ! ». Beaucoup « se
lancent » ainsi et connaissent de gros échecs. Cela
arrive.
Il n'y a effectivement aucune garantie de succès.
« Pourquoi alors travailler comme un fou ? », vous
demanderez-vous peut-être. C'est très simple :
parce que cela accroît la probabilité d'atteindre votre
objectif. Cela tombe sous le sens : si vous faites des
efforts au quotidien et que vous donnez tout ce que
vous pouvez, vous avez alors plus de chances de réussir
que si vous vous contentez du strict minimum. Mais
il n'y a toutefois aucune garantie. Posez-vous donc la
question suivante : « Est-ce que l'investissement en
vaut la peine, même si je n'atteins pas mon objectif ? »

⊙ Tout donner sans rien obtenir

Vous avez tout donné et vous vous êtes battu pour
obtenir une promotion. Au cours des douze derniers
mois, vous avez énormément travaillé tout en restant
toujours de bonne humeur avec vos collègues et vos
clients. Sans sourciller, vous avez consciencieusement
accompli toutes les tâches qui vous ont été confiées,

y compris celles dont personne ne voulait s'occuper. Vous êtes donc d'autant plus catastrophé d'apprendre qu'une fois encore on vous a préféré quelqu'un d'autre. Vous avez fait tout cela pour rien. Vous avez connu l'un de vos plus douloureux échecs dans le domaine professionnel. À première vue, on dirait que quelqu'un a « débranché la prise » et vous a ainsi privé de toute énergie.

Qu'avez-vous appris au cours des derniers mois ?

Laissons-nous un peu de temps pour digérer les choses. Essayez, par exemple, de considérer la situation d'un point de vue différent :

- Qu'avez-vous donc appris au cours des douze derniers mois ?
- Quelles tâches supplémentaires vous a-t-on confiées ?
- Comment vous êtes-vous senti au cours des derniers mois ?
- Comment avez-vous été considéré par vos supérieurs, vos collègues, vos collaborateurs ?
- Dans quels domaines avez-vous progressé ?

Ces observations orientent d'abord l'attention sur le processus et non sur le résultat. Ceci peut considérablement modifier le filtre.

« Je me suis trompé plus de 9 000 fois dans ma carrière. J'ai perdu près de 300 matchs. 26 fois j'aurais pu réussir un lancer franc gagnant et je l'ai raté. J'ai connu de nombreux échecs dans ma vie. C'est précisément ce qui m'a permis de réussir. » Ainsi s'exprimait Michael Jordan, star du basket-ball et meilleur joueur de tous les temps jusqu'à ce jour.

Attention : loin de moi l'idée de vous faire croire qu'il n'y a pas aussi de gros échecs qui font vraiment mal. Et je ne cherche pas non plus à vous dire de vous réjouir de chaque échec sous prétexte que vous en avez tiré des leçons. Vous avez parfaitement le droit d'être en colère. J'aimerais simplement que vous ne restiez pas énervé trop longtemps. C'est tout aussi triste qu'inutile de pleurer sur le passé et sur ses erreurs.

Exemple

J'ai exercé la fonction de responsable marketing direct pendant de nombreuses années. Il ne s'agit pas de publicité de marque, mais de mesures publicitaires concrètes visant des destinataires particuliers. On peut ainsi mesurer le résultat de chaque action isolée jusqu'au dernier centime.

Les échecs n'existent pas en marketing direct. Pourquoi donc ? Parce qu'il se base sur des tests. Lorsqu'il arrive qu'une mesure « foire », on ne parle pas d'échec, mais on préfère dire : « Maintenant nous savons que cette mesure ne donne rien. »

Peut-être devrions-nous réfléchir aux objectifs qui nous préoccupent de la manière suivante ? La dernière place à une course de 10 000 mètres doit-elle être considérée comme un échec ? Ne signifie-t-elle pas plutôt que c'est déjà une belle performance et que l'on doit s'entraîner plus ou encore que l'on doit choisir de pratiquer un autre sport ?

Reprenons maintenant l'exemple de la promotion qui nous échappe : qu'est-ce que cela pourrait donc indiquer ? Vais-je procéder exactement de la même manière la prochaine fois ? Mon chef ne m'a-t-il pas fait quelques remarques discrètes dont je n'ai pas tenu compte parce j'étais trop débordé ? Puis-je analyser ce qui s'est passé ces douze derniers mois avec l'aide d'une personne compétente ? Puis-je identifier si j'ai une chance d'occuper un jour ce poste dans l'entreprise ?

Il existe bien d'autres questions possibles. La manière dont vous appréciez le résultat est essentielle : sans émotion aucune, d'une manière neutre ? Comme un échec ? Comme une expérience ?

> Nous voyons souvent les choses sous un tout autre jour après quelques années. Lorsque nous nous trouvons en pleine crise, c'est en revanche impossible. Tout le monde a déjà traversé des crises et beaucoup se disent après coup : « C'est bien que cela me soit arrivé. »

Exemple

Vendredi 15 juin 2001, 19 h 20. Pour terminer ma semaine de travail, je frappe à la porte de mon chef et je lui remets la plaquette publicitaire que je viens de terminer. Il se montre enthousiaste : « On voit tout de suite que vous êtes doué. Quelle chance de vous avoir parmi nous. Rentrez chez vous maintenant et profitez bien du week-end. »

Lundi 18 juin 2001, 7 h 55. J'arrive au travail heureux et motivé et avant même que j'atteigne mon bureau, mon chef me demande de venir le voir et m'annonce sans détours : « Désolé, mais nous allons devoir nous séparer de vous. »

Si, après avoir lu cet exemple, vous pensez : « Le pauvre ! », je peux vous dire après coup que ce fut la plus heureuse et la meilleure chose qui me soit arrivée professionnellement. Sans ce licenciement qui me permit à la fois de quitter l'entreprise et ma zone de confort, je ne serais sans doute jamais devenu aussi libre que je le suis aujourd'hui professionnellement.

ⓦ Comment gérer une crise ?

Tout le monde connaît au moins une crise au cours de sa vie professionnelle. La question est donc de savoir comment nous la gérons. Est-ce uniquement une question de motivation personnelle ? « Pas forcément ! », aimerais-je vous dire.

> Dans le dictionnaire, la crise est définie comme une situation de décision associée à un tournant. Réfléchissons à cela : crise = tournant ! crise = décision !

Lors d'une crise, je peux montrer ce qui se cache en moi. Suis-je capable de « faire le beau temps » et de me motiver personnellement, ai-je quelque chose dans le ventre, ai-je la force de m'en sortir ? Les vraies crises ne sont pas fréquentes.

⊙ Une crise vous permet de révéler ce dont vous êtes capable !

Cela signifie que dans la vie, vous n'avez pas souvent l'occasion de pouvoir montrer ce qui se cache exactement en vous. Que vous n'avez pas souvent cette *chance*. Une crise peut donc être considérée comme une alternative. Une fantastique opportunité de faire vos preuves. Ne la refusez pas. Montrez qui vous êtes vraiment.

Les crises sont difficiles à prévoir et on ne sait pas non plus comment on parviendra à les surmonter. Mais on peut se dire que l'on restera fort et que l'on fera de son mieux. Même si cela s'avère parfois vraiment très difficile.

En bref : Développer votre goût du risque

- Nous aimons nous sentir à l'aise. Ce qui nous met à l'aise correspond souvent à ce que l'on connaît, notre quotidien, les tâches auxquelles on est habitué, l'environnement qui nous est familier.

- À l'intérieur de cette zone de confort, nous nous sentons, certes, en sécurité, mais nous ne pouvons pas évoluer, ce qui finit par nous rendre insatisfaits.

- Pour sortir de cette zone de confort, nous devons nous demander ce qui est véritablement important pour nous. Une fois que nous en serons clairement conscients, nous pourrons alors nous fixer un objectif à atteindre, que nous poursuivrons en adoptant un comportement cohérent.

- Le chemin qui mène à l'objectif peut être rocailleux et semé d'embûches. Celui qui ose beaucoup peut aussi perdre beaucoup. Mais les échecs et les revers permettent aussi de gagner.

Distinguer ce qui est vraiment important

La plupart des individus n'arrivent pas à mener à bien les projets qu'ils considèrent comme importants, tandis que certains semblent parvenir à mettre facilement en pratique tous leurs objectifs. Ils appliquent pour cela des principes très simples que nous pouvons tout à fait utiliser.

Dans ce chapitre, vous apprendrez :
- pourquoi ce qui est vraiment important est rarement urgent,
- pourquoi il faut prendre soin de commencer petit lorsqu'on vise gros,
- comment profiter habilement du double principe de levier,
- comment obtenir une vraie qualité de vie.

Pourquoi ce qui est vraiment important est rarement urgent

Le mot essentiel de ce chapitre est le mot « important ». Nous avons souvent du mal à distinguer ce qui est vraiment important dans notre vie et encore plus à agir concrètement en ce sens. Ce n'est souvent que lorsque nous nous trouvons en dehors du quotidien ou en pleine crise que nous prenons conscience de ce qui est vraiment important pour nous.

☽ Nous nous perdons dans le quotidien

Nous avons souvent des regrets et nous nous promettons alors de nous occuper vraiment des projets qui nous importent à la prochaine occasion. Mais le quotidien nous rattrape vite et nous nous concentrons souvent plutôt sur ce qui est à l'ordre du jour. Vous avez peut-être déjà vécu une situation semblable à celle ci-après.

Un sentiment d'insatisfaction vous envahit. Comment expliquer cela et comment l'éviter, c'est ce que vous allez apprendre plus loin dans ce chapitre. Mais commençons par expliquer ce que l'on entend par « important ».

Le chef pose quelque chose sur le bureau et s'exclame : « Veuillez vous occuper de cela rapidement – c'est vraiment important ! » C'est effectivement ce qu'il dit, mais il pense en fait : « C'est urgent. » Nous avons tendance à employer indifféremment ces deux mots, alors qu'il faudrait plutôt les distinguer comme suit :

	Urgent	Important
Étymologie	du latin *urgere*, pousser, presser	importer et suffixe –ant, qui a de l'importance, d'un grand intérêt
Associations	hâte, pression, précipitation, stress, effervescence	long terme, satisfaction, assouvissement, fierté
Sentiment	désagréable	agréable

Exemple

Lundi matin, vous êtes en route pour le bureau et vous souhaitez réaliser trois choses importantes pour vous dans la journée. À peine arrivé, un de vos collaborateurs vient vous demander votre aide pour un projet. Ensuite vous écoutez les messages de votre répondeur, vous rappelez les personnes concernées, vous répondez aux mails les plus importants, vous participez à une réunion imprévue, etc. Le soir vous rentrez chez vous et vous avez réussi à tout faire avec brio – excepté les trois choses importantes pour vous que vous vous étiez promis de réaliser.

☉ Important ou urgent ?

Les objectifs primordiaux ont donc généralement de l'importance sur le long terme. Certains objectifs ont de l'intérêt pour un individu en particulier, par exemple exceller dans une discipline sportive, tandis que d'autres sont importants pour la plupart des individus : la santé, les relations humaines, l'évolution personnelle, la sécurité financière. Vous vous souvenez ? Il s'agit des thèmes cités par la plupart des participants à mes séminaires lorsque je les ai interrogés sur ce qui était vraiment très très important pour eux.

Maintenant, ces thèmes importants peuvent être urgents ou non.

	Important et urgent	Important mais pas urgent
Travail	Lorsque mon poste est menacé ; lorsque je dois occuper un nouveau poste	Formation continue, mobilité spirituelle et physique, connaissances et compétences
Santé	Lorsque j'ai mal, lorsque je suis malade, lorsque quelque chose ne va pas	Lorsque je suis en bonne santé
Relations	Lorsque ça va mal	Lorsque tout va bien
Sécurité financière	Lorsqu'à 55 ans je n'ai encore pas mis d'argent de côté	Lorsque ça va

Ce schéma couvre toute notre vie. Cela signifie que tout ce qui est important pour vous peut être urgent ou non, l'essentiel étant de ne pas confondre ces deux termes comme on le fait souvent au quotidien. Trois principes empruntés à la gestion du temps peuvent vous aider à distinguer les thèmes vraiment importants. J'ai tendance à les décrire comme des lois de la nature tellement ils sont puissants. Si nous arrivons à appliquer ces principes, nous nous jetons en quelque sorte dans un fleuve et nous n'avons plus ensuite qu'à nous « laisser porter », les choses s'enchaînant d'elles-mêmes, facilement et naturellement. Ces trois principes sont les suivants :

1. Cela devient urgent si on ne fait rien.
2. Plus on agit tôt, moins les efforts requis sont importants et meilleur est le résultat (le fameux « double effet levier »).
3. Si la pression ne vient pas de l'extérieur, on se la met alors soi-même.

Ces trois principes sont illustrés sur le graphique ci-dessous.

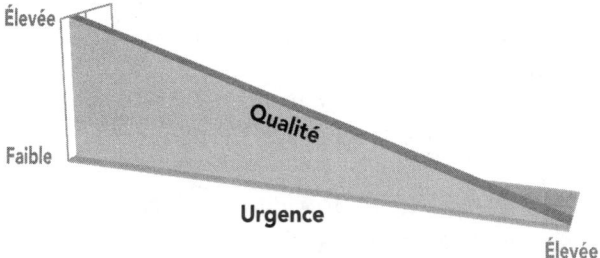

Lorsque l'important devient urgent, la qualité en pâtit.

Comment reconnaître ce qui a de la valeur pour vous

Avant de s'intéresser à la mise en pratique de ces trois principes et de pouvoir les appliquer correctement, vous devez commencer par identifier ce qui est très (très, très – comme vous le savez déjà !) important pour vous.

Cela ne se fait pas au quotidien, à la va-vite entre le bureau et le repas du soir. Vous devez prendre votre temps ainsi que du recul en profitant, par exemple, des vacances. C'est souvent après quelques jours de repos que l'on réalise ce que l'on a négligé au cours des derniers mois, ou même années, que l'on repère les amis auxquels on devrait faire plus attention, tout ce qu'on a jusqu'ici négligé et bien plus encore.

Procédez ainsi :
- cherchez le moment adéquat. Vous n'avez, bien évidemment, pas besoin de partir en vacances pour cela – même si cela ne peut pas vous faire de mal non plus !
- choisissez un endroit dans lequel vous vous sentez bien et où vous ne serez pas dérangé,
- prenez-vous de quoi écrire et répondez aux questions ci-après. Une fois que vous avez répondu à une question, mettez une croix dans la colonne de droite.

☯ Check-list : Qu'est-ce qui est important pour moi ?

Travail	
• Quelles sont mes tâches principales ?	
• Pour quoi suis-je concrètement payé ?	
• Quelle valeur ajoutée est-ce que j'apporte à l'entreprise ?	
• Quels résultats attend-on de moi ?	
• Mon travail personnel contribue-t-il à ces résultats ?	
• Où aimerais-je en être professionnellement dans dix ans ?	
Domaines personnels	
• Qu'est-ce qui est vraiment très, très important pour moi dans le domaine privé et personnel ?	
• Quels thèmes aimerais-je aborder ?	
• Dans quels domaines dois-je sortir de ma zone de confort ?	
• Dans ma vie, quels thèmes valent la peine que je m'investisse pleinement et entièrement, même si c'est difficile ?	
• Avec quelles personnes aimerais-je entretenir une meilleure relation ?	
• Dans quels domaines aimerais-je progresser ?	

Voilà des questions qui ont toutes fait leurs preuves dans la pratique pour repérer les thèmes qui sont importants pour vous. Une fois que vous les avez clairement définis, vous pouvez bien évidemment passer à l'étape suivante. Quoi qu'il en soit, je vous recommande de les noter. Dans l'idéal, choisissez un carnet de qualité que vous aurez toujours plaisir à consulter et à mettre à jour. Vous savez sans doute que « les écrits restent » !

La phrase de Roy Disney, le frère de Walt Disney, est également intéressante à ce sujet : « Lorsque les priorités sont claires, il est alors facile de prendre des décisions. »

Il est, en outre, important de savoir qu'on ne partage pas tous les mêmes valeurs. Chacun décide, souvent inconsciemment, ce qui est personnellement important pour lui et ce qui ne l'est pas. Pour l'un il s'agira de sa maison, pour l'autre de son travail.

⊙ La différence entre efficace et efficient

Dans le paragraphe suivant, nous avons besoin des deux termes, « efficace » et « efficient », qu'on emploie et confond souvent.

- « Travailler de manière efficace » signifie travailler de telle sorte qu'un résultat voulu soit atteint. L'efficacité n'inclut pas le degré de réalisation des objectifs, ni le degré d'efficacité d'une mesure. Pour simplifier, on pourrait définir l'efficacité ainsi : « Faire les bonnes choses. »

- « Travailler de manière efficiente » signifie, en revanche, que les moyens dont on dispose sont employés de manière optimale pour atteindre un objectif visé.

L'efficience est ainsi un moyen permettant d'atteindre une fin et, ce faisant, elle est l'indicateur de rentabilité d'une mesure. Pour simplifier, on pourrait définir l'efficacité ainsi : « Faire correctement les choses. »

Supposons que vous aimeriez soumettre une nouvelle analyse à vos principaux fournisseurs. Tel est votre objectif. Pour cela, vous voulez tout d'abord établir une liste de tous les fournisseurs avec les articles et conditions qu'ils proposent. Si vous n'y parvenez pas, peut-être parce que vous devez travailler sur un tas d'autres sujets, vous n'êtes pas efficace parce que vous ne vous rapprochez pas de votre objectif. Par ailleurs, vous n'êtes pas non plus efficient car vous n'agissez pas concrètement en vue de votre objectif. Si vous prenez maintenant une feuille et un stylo et que vous notez le nom de tous les fournisseurs et leurs conditions, vous vous rapprochez, certes, de votre objectif, mais vous ne travaillez toujours pas de manière efficiente. Il serait plus judicieux de vous servir d'un ordinateur et de vous référer, par exemple, à une version précédente de la liste, vous seriez alors le plus efficient possible.

◍ **Votre qualité de vie dépend de la première étape**

La plupart d'entre nous essayons d'atteindre leurs objectifs de la manière la plus efficiente possible. Nous voulons « faire correctement les choses ». Toutefois, nous prenons trop rarement le temps nécessaire et nous ne profitons pas de nos « temps morts » pour réfléchir à ce que sont précisément nos objectifs – c'est-à-dire ce qui est important pour nous et non ce qui est urgent, ce que sont les « bonnes choses ».

Nous donnons tout ce que nous avons, nous apprenons, nous nous formons, nous montrons toujours disponibles pour l'entreprise – pour finir par constater tôt ou tard que l'on est arrivé à un endroit où l'on n'a jamais voulu aller. D'où l'importance – pour votre vie et la qualité de cette dernière – de vous poser des questions telles que celles évoquées dans la check-list de la page 111.

Commencez par déterminer ce qui est vraiment important pour vous. Laissez-vous suffisamment de temps pour cette étape – elle vous indique la direction à suivre. Et prévoyez aussi du temps pour vous pencher de nouveau sur toutes ces questions.

> Fixez des moments précis et ne vous dites pas simplement : « Je le ferai quand j'aurai le temps. » On n'a jamais le temps.

Premier principe : cela devient urgent si je ne fais rien

Exemple

J'avais pour habitude d'acheter le cadeau de Noël de ma femme au dernier moment. J'attendais même parfois le 24 décembre. Il s'agissait généralement d'un parfum, format géant. Cela ne lui faisait pas particulièrement plaisir. Noël comptait beaucoup pour elle, pas pour moi. Elle tenait à recevoir un cadeau de valeur, je n'y accordais aucune importance. Après un 24 décembre une fois de plus gâché par un cadeau de dernière minute, je lui assurai de faire mieux la prochaine fois. J'avais du mal à chercher un cadeau de Noël en janvier, à Pâques ou encore en été. Début septembre, j'étais particulièrement occupé au travail et les rendez-vous s'enchaînent. Le 1er décembre, je parcourais le calendrier pour voir si le 24 décembre était un jour ouvrable, ce qui était effectivement le cas. Non pas que je voulais en profiter… mais uniquement par mesure de précaution ! Et ce qui devait arriver arriva : le 24 décembre, je me levai de bonne heure, comme toujours sans cadeau, et je repris le même prétexte, « Je dois aller laver la voiture en ville », pour acheter une fois encore un cadeau de dernière minute, un « grand format » qui apaiserait un tant soit peu ma mauvaise conscience…

Si cet exemple vous fait sourire et que vous vous demandez quel est le rapport avec la motivation personnelle et surtout avec la question « Comment se préoccuper des objectifs qui sont les plus importants pour moi ? » et avec les trois principes évoqués, voici ce que je peux vous dire : cet exemple du cadeau de Noël illustre parfaitement le premier principe.

> Le premier principe est le suivant : « Tout ce qui est important pour nous n'est généralement pas urgent au départ mais finit par le devenir si l'on ne fait rien. »

Il est intéressant de réfléchir plus longuement à cette phrase. Ne commencez pas à chercher des contre-exemples. Il y en a peut-être un ou deux. Dans l'ensemble, ce propos vaut toutefois pour tout ce qui est important pour vous dans la vie.

- **Santé** : La plupart des individus sont initialement en bonne santé. Mais s'ils ne font rien pour leur santé, mangent gras et sucré, ne bougent plus ou fument. Sur le graphique de la page 109, le thème de la santé passe alors lentement du domaine du « non urgent » à celui de l'urgent. Et cela peut même devenir si urgent que l'on termine à l'hôpital.
- **Relation avec le partenaire** : Les relations s'établissent généralement sur une bonne base, voire sont carrément euphoriques au départ. Mais le propos vaut également ici : si je ne fais rien en ce sens, il y aura ensuite urgence. Par exemple, celui qui répète

sans cesse à son partenaire, « Je n'ai pas le temps ! », risque bientôt d'avoir tout son temps car il n'aura plus personne à s'occuper.

- **Évolution personnelle** : Le temps est loin où une formation suffisait pour toute la vie professionnelle. Il faut maintenant continuer à apprendre toute sa vie durant. Il n'est pas rare qu'un salarié de 50 ans doive tout réapprendre pour répondre aux exigences d'un poste complètement différent. Si je n'ai rien mis en œuvre pendant vingt ans pour ma formation et mon évolution professionnelle et qu'une vague de changements s'annonce, il risque d'y avoir urgence sous peine de me retrouver emporté.

Exemple

Un cadre d'une cinquantaine d'années me dit qu'il avait connu beaucoup de changements dans sa vie et qu'il en avait maintenant assez. Il aurait voulu pouvoir dire à toute son équipe : « Je veux rester comme je suis », et toute son équipe lui aurait répondu en chœur : « Pas de problème ! ». Je lui dis : « Il est très très difficile de rester comme vous êtes », ce qui l'étonna. « Vous changez forcément, vous devez vous comporter comme le phoque qui jongle avec un ballon sur son nez, c'est-à-dire rester constamment en mouvement, chercher l'équilibre, déplacer votre poids. Lorsque le phoque ne fait rien, le ballon tombe. »

Si nous voulons rester comme nous sommes, nous devons donc en fait constamment agir, sous peine de ne plus évoluer. Un arrêt correspond en réalité à une régression. Le monde continue à avancer et nous restons en retrait.

Deuxième principe : plus tôt j'agis, mieux c'est

Plus les objectifs importants deviennent urgents, plus ils prennent de l'ampleur.

Exemple

Celui qui va chez le dentiste dès qu'il ressent une légère douleur à une dent aura peut-être l'impression que le dentiste soigne vite sa dent. En revanche, celui qui avale des comprimés antidouleur pendant des semaines et se rend seulement chez le dentiste lorsque la douleur devient insupportable trouvera sans doute que cela dure beaucoup plus longtemps, la racine de la dent pouvant alors être atteinte et un arrachage nécessaire.

Appropriez-vous ce raisonnement : en ce qui concerne mon développement personnel, je peux participer de temps en temps à un séminaire ou suivre une formation le week-end. Si je ne fais rien pendant vingt ans, je risque alors de me retrouver devant une immense montagne difficile à franchir. Ceci vaut pour tous les objectifs importants.

> Le deuxième principe est celui du « double principe de levier » : si j'agis avant de me retrouver dans l'urgence, d'une part l'effort à fournir est moindre, d'autre part le résultat obtenu est meilleur.

Reprenons l'exemple du cadeau de Noël : si je m'en occupe tôt, je ne me sentirai pas stressé ni bousculé, j'aurai donc moins de sentiments désagréables et moins d'efforts à fournir. Selon toute vraisemblance, je trouverai même un cadeau plus à propos et qui fera plus plaisir. C'est le double principe de levier : plus pour moins, ou encore plus de résultats pour moins d'efforts. Il est donc essentiel que vous identifiiez les objectifs essentiels pour vous et que vous vous en préoccupiez avant qu'ils deviennent urgents. En agissant ainsi, vous pourrez obtenir de meilleurs résultats et une qualité supérieure dans vos actions.

Ce n'est pas la rapidité d'action qui importe mais plutôt la profonde certitude d'avoir pris la bonne direction qui suffit à vous procurer un sentiment de libération. Il vous suffit ensuite de suivre cette orientation.

Troisième principe : seule la pression nous permet d'avancer

Vous avez maintenant assimilé les deux premiers principes. Voici le troisième principe de référence avant de passer à la mise en pratique.

Si les deux premiers principes sont très clairs, pourquoi beaucoup d'individus n'arrivent-ils pas à identifier les objectifs qui comptent pour eux ? Ou plus clairement : lorsque je sais que ce qui est important finira tôt ou tard par devenir urgent et que, plus j'attends, plus je devrai fournir d'efforts et moins le résultat obtenu sera à la hauteur de mes attentes, pourquoi est-ce que je n'agis pas tout de suite ? Plusieurs réponses vous viennent sans aucun doute spontanément à l'esprit, par exemple en rapport avec la fameuse zone de confort. On vous a peut-être aussi seriné depuis votre plus jeune âge d'attendre la dernière minute pour agir. Il existe toutefois une raison pertinente et évidente, parfaitement illustrée dans l'exemple ci-après.

Exemple

La personne qui occupait le poste d'assistante de direction a quitté l'entreprise de manière inattendue et Marion Lemarre l'a vite remplacée. Elle a dû en priorité préparer un salon. La précédente préparation avait été assez chaotique, rien ne semblait organisé et les appels se multipliaient à mesure que la date du salon approchait. Madame Lemarre a abordé méticuleusement les choses l'une après l'autre – le dernier jour, elle a même passé la nuit sur place dans un sac de couchage afin d'être sûre d'être présente le lendemain à l'ouverture et que tout se passe bien. Ce fut le cas. À la fin du salon, le directeur la remercia devant toute l'équipe réunie et lui offrit une enveloppe contenant un bon pour un séjour dans un grand hôtel.

L'année suivante, Marion Lemarre aborda différemment le salon : suffisamment tôt, méthodiquement et de manière engagée. Tout se déroula comme sur des roulettes. Le salon connut de nouveau un succès total, tout comme l'ensemble des salons qu'elle organisa par la suite. Mais Madame Lemarre ne reçut plus jamais aucun merci ni aucune enveloppe.

Message reçu ? Je trouve toujours injuste qu'un bon travail bien préparé et organisé soit finalement moins récompensé qu'un « sauvetage de dernière minute ».

⊙ Les si précieux *silent runners*

Madame Lemarre a fourni un meilleur travail à partir du deuxième salon et n'a pour cela jamais été remerciée ni récompensée. Il n'y eut aucune validation de l'extérieur. Elle fut finalement la seule à reconnaître le travail fourni.

Dans une entreprise dans laquelle je travaille de temps en temps, les collaborateurs sont qualifiés en interne de *silent runners* – coureurs silencieux. Ce sont des personnes qui exécutent silencieusement, sérieusement et surtout dans les temps les tâches qui leur sont confiées. Injustement, parce qu'il n'a rien fait pendant longtemps, celui qui surmonte une crise dont il est l'initiateur se verra plus facilement récompensé ou remercié que celui qui n'attend pas d'être au bord de la crise pour agir. On pourrait beaucoup philosopher sur le sujet. Difficile de changer les choses. Il suffit simplement de se montrer fort et de se demander si l'on a véritablement besoin de cette reconnaissance de l'extérieur.

☻ Pourquoi nous agissons lorsque cela devient urgent

La question suivante se pose maintenant : « Si nombre d'individus n'arrivent pas à agir lorsque quelque chose n'est pas urgent, pourquoi y parviennent-ils lorsqu'il y a urgence ? » Quelle est donc la différence ?

J'ai par exemple réussi à dénicher un cadeau de Noël tous les ans. Et lorsqu'un client menace de nous quitter, je trouve enfin le temps de lui envoyer les documents qu'il réclame. Qu'ai-je donc dans de telles situations que je n'ai pas dans les situations non urgentes ? C'est simple : la pression. Je me sens pressé par le temps, je ressens des douleurs physiques ou je ne supporte plus la situation. Tout ceci me pousse à agir. Je ne ressens évidemment pas une telle pression lorsqu'il n'y a pas urgence.

☻ Le réflexe d'exécuter ce qui est urgent

Il existe une justification neurologique qui explique que nous attendions souvent la dernière minute pour agir : ce qui est urgent déclenche un état d'alerte dans le cerveau. Dans le système limbique – une partie du cerveau entre autres responsable de notre sentiment d'envie et d'ennui – sont ressenties en périodes de calme plat des sensations d'ennui. Lorsque survient l'urgence, grandit alors l'envie irrépressible d'éliminer cette tension intérieure en exécutant la chose en question.

> Le troisième principe est le suivant : si je veux faire avancer des choses qui sont importantes sans pour autant être urgentes, je dois me mettre moi-même la pression, puisqu'elle ne vient pas de l'extérieur.

Cette pression fait que nous avons tendance à exécuter ce qui est urgent – et donc à remettre à plus tard ce qui est important mais pas encore urgent. Ce qui est urgent passe toujours au premier plan. C'est à nous de réprimer ce réflexe et de nous occuper des choses véritablement importantes. Cela signifie aussi que si vous voulez faire avancer les choses qui sont importantes pour vous, sans être toutefois urgentes, vous devez alors vous mettre vous-même la pression. Pour éviter le mot « pression », quelque peu mal vu, disons donc plutôt que si vous souhaitez obtenir quelque chose d'important pour vous, vous devez lui accorder une grande priorité et faire en sorte que votre bonne résolution soit effectivement mise en pratique. Vous apprendrez comment procéder dans le chapitre suivant.

En bref : Distinguer ce qui est vraiment important

- Au quotidien, nous perdons souvent de vue ce qui est vraiment important pour nous.

- Lorsque nous repoussons ce qui est important à plus tard, deux principes peuvent alors nous nuire :
  1. Plus nous attendons, plus la chose devient urgente.
  2. Plus nous reportons la réalisation d'une tâche à plus tard, plus nous devrons faire d'efforts et plus le résultat sera décevant ou la qualité moindre.

- Les individus agissent surtout lorsqu'ils sont sous pression et obligés de faire quelque chose. Si vous voulez faire avancer des choses qui sont importantes pour vous, sans être toutefois urgentes, vous devez vous mettre vous-même la pression, puisqu'elle ne vient pas de l'extérieur.

Vous motiver pour atteindre votre objectif

Celui qui ne sait pas comment se fixer des objectifs intelligents et intéressants a peu de chances de les atteindre.

Dans ce chapitre, vous apprendrez :
- pourquoi nous avons besoin de buts dans la vie,
- comment la méthode 3A + a nous aide à atteindre nos objectifs,
- comment rester durablement motivé,
- comment le principe des fleurs de givre travaille pour vous.

Pourquoi nous avons autant de mal à atteindre nos propres objectifs

Dans un séminaire, lorsqu'il est question d'objectifs

individuels, je perçois souvent des grommellements indignés et je me heurte même parfois à une résistance. Si l'on vient à en discuter, les propos sont toujours les mêmes : « J'ai déjà tellement d'objectifs dans mon travail. Je ne veux pas m'infliger une pression supplémentaire. » Beaucoup expliquent à quel point il est agréable de ne pas toujours vivre en poursuivant des objectifs, mais de se laisser simplement porter.

Si vous avez choisi ce livre et que vous en êtes à cette page, vous ne partagez certainement pas cette opinion.

> Voici toutefois une phrase supplémentaire qui peut amener à réfléchir : « Celui qui n'a pas d'objectifs travaille toujours pour les objectifs des autres. »

◑ Seuls vos objectifs comptent

Si vous ne voulez pas travailler pour les objectifs des autres, vous devez avoir les vôtres. Ces derniers ne doivent pas avoir été fixés par votre chef ou l'entreprise dans laquelle vous travaillez, même s'ils peuvent parfaitement être professionnels. Vous pouvez, par exemple, vous fixer des objectifs en termes de vitesse ou de qualité de travail, de qualifications que vous aimeriez acquérir, de nombre de collaborateurs que vous aimeriez avoir sous vos ordres, etc.

☯ L'intérêt d'avoir ses propres objectifs

Pourquoi pensez-vous qu'il est intéressant de se fixer ses propres objectifs ? Dans le résumé ci-après, vous trouverez quelques points de vue sur la question, sans prétention à l'exhaustivité.

L'intérêt des objectifs propres
• Les objectifs donnent une orientation et s'opposent donc au laisser-aller : ces objectifs vous servent de guides dans la vie – ils vous permettent de choisir où vous mènera votre voyage !
• Les objectifs sont un soutien : ils sont comme un rocher dans le déferlement de votre vie. Le monde qui vous entoure change constamment et de plus en plus vite. Si vous avez des objectifs ambitieux, ils vous servent de « points fixes » dans un contexte de changement permanent.
• Les objectifs permettent d'y voir clair : vous savez tout de suite ce qui est vrai ou faux, lorsque vous pouvez laisser tomber ou devez aller jusqu'au bout. Et vous savez aussi lorsque cela vaut la peine de se battre et lorsqu'il vaut mieux garder votre sang froid.
• Les objectifs motivent : peu importe que vous atteigniez ou non l'objectif fixé, sans objectif vous n'auriez sans doute rien fait.
• Les objectifs vous donnent de l'énergie : plus l'objectif est ambitieux, plus vous développez d'énergie, tant que vous considérez qu'il reste possible de l'atteindre.

L'intérêt des objectifs propres

- Les objectifs sont des crédits : souvenez-vous du compte de confiance en soi. Pour le renforcer, des promesses tenues sont essentielles. Un objectif que l'on se fixe et pour lequel on dépense toute son énergie n'est rien d'autre qu'une promesse que l'on se fait à soi-même. Il est donc important de poursuivre son objectif avec persévérance afin de renforcer son estime de soi.

Des objectifs sont souvent imposés dans le domaine professionnel ; ce que l'on appelle les accords sur les objectifs ne sont en général rien d'autre que des objectifs fixés. Pour simplifier, on pourrait dire : « Si tu atteins tel ou tel objectif, tu recevras telle somme en plus. » Cela a peu, voire rien, à voir avec les objectifs qui sont importants pour vous – mis à part l'aspect financier, cela s'entend.

◐ De l'envie à l'objectif

La capacité à nous fixer un objectif et à œuvrer constamment dans son sens est un indicateur de notre niveau de maturité. Les enfants agissent selon le principe du plaisir. Lorsque l'envie s'est envolée, ils arrêtent. Peu à peu, ils commencent ensuite à faire des projets. Un petit garçon de 4 ans se fixera ainsi pour objectif de construire une tour. Si l'envie s'en va, l'objectif demeure. Certains enfants abandonnent, d'autres continuent. Plus nous vieillissons, plus nous sommes capables de décider si nous terminons la tour ou si nous nous laissons rebuter par les difficultés. Nous nous demandons consciemment ou inconsciemment : « Comment je m'y prends ? J'arrête ou je continue ? »

Et nous n'en sommes déjà plus au « si », mais au « comment ». Cela conduit directement à la formule du bonheur qui permet d'atteindre au mieux ses objectifs.

La voie royale qui conduit à l'objectif : la méthode 3A + a

J'appelle aussi volontiers la méthode 3A + a « la formule du bonheur ». Cette formule correspond à ma ferme conviction selon laquelle cette méthode vous permettra très vraisemblablement d'atteindre vos objectifs. Cela conduit à ce que nous appelons communément le « bonheur », que l'on peut décrire de manière plus pertinente comme « une vie bien remplie ».

Dans cette méthode, chaque « A » correspond à une condition.

⊙ Le premier A = Attractivité

Un objectif doit être *attrayant* pour vous-même. Une lapalissade, pourrait-on penser. Loin de là ! La quasi-totalité des objectifs fixés dans l'existence viennent de l'extérieur et ne sont donc pas attrayants pour vous. On sait depuis des décennies que l'argent n'est pas une motivation à long terme et n'est donc pas suffisamment attrayant pour nos objectifs.

Un objectif ne doit pas non plus être important pour le chef ou le partenaire, mais pour vous-même. La question que vous devriez vous poser pour en avoir le cœur net est la suivante : *Pourquoi* est-ce que je veux atteindre cet objectif ? Et la réponse devrait être : « Parce qu'il est important pour moi. » Il s'agit ici de rechercher votre motivation. Vous vous souvenez ? C'est une raison qui doit être suffisamment forte pour vous faire bouger et sortir de votre zone de confort et, deuxièmement, vous garder à l'extérieur lorsque cela devient difficile.

Exemple

Supposons que vous envisagiez de suivre une formation sur deux ans, qui requiert votre présence trois soirs par semaines et un week-end sur deux. Il vaut ici la peine de répondre à la question : « Pourquoi est-ce que je veux cela ? » Si vous n'arrivez pas à trouver de réponse satisfaisante, il est très vraisemblable que vous laisserez tomber au bout de quelques mois et que vous préférerez rejoindre vos amis au club de sport.

Supposons que vous ayez clarifié la question du « Pourquoi ? » et que l'objectif vous semble suffisamment attrayant. Vous avez toutefois le sentiment que cela pourrait ne pas suffire. Je n'y arriverai peut-être pas, pensez-vous. Il existe alors trois « amplificateurs » simples.

❯ 1. Travaillez avec des récompenses

« Notre esprit a la force d'un géant et la sensibilité d'un enfant » dit un proverbe. Et, tout comme celui des enfants, notre esprit est également corruptible. En conclusion : offrez-vous des récompenses. Si vous réussissez quelque chose de vraiment important, accordez-vous une récompense adéquate, sans oublier de petites récompenses à chaque étape intermédiaire que vous franchissez. C'est le pouvoir du renforcement positif. Nous en usons très souvent auprès des autres, en matière d'éducation ou lorsque nous voulons susciter un certain comportement chez notre partenaire, mais nous n'y pensons pas pour notre propre personne. Pourtant, vous pouvez aussi en user pour vous-même. Récompensez-vous plus que ce que vous croyez avoir mérité.

❯ 2. Travaillez avec des punitions

Certaines personnes réagissent modérément aux récompenses. Les punitions qu'elles cherchent à éviter ont alors plus d'effet sur elles. Vous pouvez les choisir vous-même, afin d'être certain d'atteindre votre objectif. Vous pourriez, par exemple, prévoir de faire un don ou une corvée si vous n'atteignez pas votre objectif. Si vous souhaitez vraiment atteindre un objectif mais que vous n'êtes pas sûr d'y parvenir, le mieux est de fixer une amende tellement élevée que vous n'aurez alors plus d'autre choix que de réussir. Bien évidemment, vous devez pouvoir influencer l'objectif à 100 %, c'est-à-dire être certain de pouvoir l'atteindre.

⊘ 3. Travaillez avec des visualisations

Les visualisations sont importantes. Nous ne pouvons ici qu'effleurer ce thème car il pourrait à lui seul faire l'objet d'un livre. Il s'agit de techniques mentales souvent employées dans le sport de compétition. Quasiment tous les sportifs de haut niveau visualisent, c'est-à-dire imaginent dans leur esprit le chemin qui conduit à leur objectif et la manière de l'atteindre. Imaginez un film que vous rejouez sans cesse dans votre tête. Il doit être tellement intéressant qu'il fait naître en vous des sentiments agréables et vous fait sourire. S'il vous suffit d'y penser brièvement pour vous mettre de bonne humeur, vous avez alors fait le bon choix.

⊕ Le deuxième A = Application

Atteindre tel ou tel objectif ne va pas de soi. Un certain investissement est en effet nécessaire. Nous devons nous appliquer autant que possible.

L'importance de prendre des notes

Quel investissement dois-je fournir pour atteindre mon objectif ? Dans l'exemple de la formation qui s'étend sur deux ans, il est intéressant de noter les jours de présence ainsi que les heures à consacrer à l'apprentissage. À cela s'ajoutent des choses auxquelles je dois renoncer, par exemple les sorties entre copains ou les vacances d'été. Mon partenaire risque aussi de se plaindre car j'aurai moins de temps à lui consacrer, je serai en outre peut-être amené à délaisser quelque peu mes amis. Il est important de noter tout cela.

À quels obstacles vous attendez-vous ?

Une fois que vous avez noté tout ce qui concerne votre investissement, prenez une autre feuille et écrivez comme titre : Quels obstacles et difficultés vais-je peut-être trouver sur le chemin qui mène à mon objectif ? Notez tout ce qui vous passe par la tête. Je suis toujours étonné de constater que de nombreux individus se laissent détourner de leur objectif par des obstacles parfaitement prévisibles. Prenons l'exemple d'une personne qui s'engage en septembre dans le cadre d'un test de 90 jours à faire du jogging deux fois par semaine. En décembre, elle constate qu'il fait vraiment très noir et très froid le matin. C'était tout à fait prévisible. De la même manière, dans l'exemple de la formation étendue sur deux ans, il est prévisible qu'il y aura des phases de frustration, que vous ne comprendrez pas forcément tout, que vous aurez peut-être besoin de beaucoup plus de temps que prévu, que vos notes ne seront pas en rapport avec l'ampleur de votre investissement, que vous tomberez peut-être malade, etc.

◑ On n'a rien sans rien

Notez tout ce qui va très vraisemblablement s'ensuivre ainsi que ce qui pourrait éventuellement se produire. L'investissement que vous devez fournir est en quelque sorte le prix à payer pour votre objectif. On n'a rien sans rien ! Peut-être devrez-vous abandonner un premier objectif pour en atteindre un nouveau. Peut-être devrez-vous déménager, prendre des décisions gênantes, vous expliquer avec votre partenaire ou sortir de votre zone de confort. Et une partie de l'investissement demeure toujours incertaine.

Après avoir détaillé votre investissement et les difficultés possibles noir sur blanc, se pose la question décisive à laquelle vous devez répondre franchement : « Est-ce que cela en vaut la peine ? »

◑ Et si cela ne fonctionne pas ? Est-ce que le jeu en vaut la chandelle ?

• Cela vaut-il la peine que je poursuivre mon objectif, même lorsque d'autres me mettent des bâtons dans les roues ?

- Cela vaut-il la peine que je continue lorsque je n'en ai plus envie ?
- Cela vaut-il la peine, même si tout ne se passe pas comme prévu ?

Vous devez absolument vous poser les questions que vous avez déjà vues dans le paragraphe « Gérer les échecs » : « L'investissement vaut-il la peine même si je n'atteins pas mon objectif ? » Adoptez le point de vue du sportif. Prenons, par exemple, un sportif de haut niveau, un gymnaste qui s'entraîne intensivement six fois par semaine. Il se prépare pour une compétition, peut-être même les Jeux olympiques. Il fait ainsi de son mieux à chaque entraînement. Jour après jour. Toute l'année durant. Et puis, le jour de la compétition, rien ne va. Il est éliminé dès le premier tour. Demandez maintenant au sportif si l'effort en valait la peine – quelle sera sa réponse à votre avis ? Il vous répondra sûrement : « Bien sûr, j'ai progressé grâce à cette compétition ! »

Il devrait en être de même pour vous : définissez un objectif et demandez-vous si cela vaut la peine de donner le meilleur de vous-même pour l'atteindre – même si vous savez que vous ne l'atteindrez peut-être pas. Si vous pensez que cela n'en vaut pas la peine, cela signifie alors que l'objectif n'est pas suffisamment important. Dans ce cas, laissez tomber ou reportez-le à plus tard. Mais s'il en vaut la peine, lancez-vous et persévérez.

Exemple

Lors d'un de mes séminaires, un participant s'était fixé pour objectif de tout donner pour son travail dans les douze prochains mois. Il nota tout ce qu'il pouvait et devait faire et tout ce à quoi il devait renoncer. Il décrivit méticuleusement l'investissement à fournir et les difficultés prévisibles qu'il trouverait sur son chemin. Il en arriva alors à se poser la question : « Est-ce que cela en vaut la peine ? »

Lorsqu'il vit la longue liste des choses qu'il voulait s'imposer, il fut tiraillé. Et il finit par décider que c'était trop dur pour lui, que le prix à payer était trop élevé.

Il est possible d'arriver à la conclusion que l'effort n'en vaut pas la peine. Mais la liste n'a pas été faite pour rien. Vous avez la conscience tranquille et vous pouvez mettre le projet de côté pour un temps et peut-être même le reprendre d'ici six mois en voyant si le moment semble plus approprié.

Si vous avez, en revanche, répondu à la question « Est-ce cela en vaut la peine ? » par un « oui », déterminé ou incertain et un peu inquiet, alors c'est parti, lancez-vous !

◉ Le troisième A = Action

Lancez-vous et définissez deux points de repère :

1. Déterminez votre première étape et attaquez aussi vite que possible – tout de suite dans l'idéal.

2. Fixez des jalons (objectifs intermédiaires) avec une date précise et un taux de réalisation de l'objectif et précisez la date à laquelle vous aurez atteint l'objectif.

Il n'y a rien de plus. Cela semble simple et ça l'est effectivement. Passez donc à l'action et commencez la première étape. Seules les véritables actions peuvent donner un résultat.

> « Vous ratez 100 % des tirs que vous ne faites pas. » (Wayne Gretzky, considéré comme le meilleur joueur de hockey sur glace de tous les temps)

Tirez ! Dans le but ou à côté, mais tirez ! Faites le premier pas.

⊙ Comment la cohérence nous guide

Le principe vaut pour tous : ne vous contentez pas de faire le premier pas, faites-le aussi vite que possible ! Agissez, mettez ce livre de côté et lancez-vous, pour peu que vous ayez déjà défini un objectif.

Cette première étape peut consister à donner une réponse positive à quelqu'un, à établir un plan ou à faire une promesse. Le mot magique ou le mode d'action psychologique qui se cache derrière tout cela s'appelle « cohérence ».

Les hommes veulent adopter un « comportement cohérent ». Lorsque quelqu'un a pris une décision, il veut ensuite se comporter en conséquence. Cela signifie qu'il faudrait déployer beaucoup d'énergie pour que cette personne affiche ensuite un comportement incohérent. Faites donc le premier pas et obligez-vous ainsi à adopter un comportement cohérent.

Le petit a = annoter

Dites à un fumeur qui aimerait arrêter la nicotine qu'il devrait noter son projet. Dans huit cas sur dix, il se défendra vigoureusement et ne le fera sûrement pas. Pourquoi donc ?

Le premier effet : cela devient sérieux

Parce que cela induit la notion d'obligation. Dès qu'il prend une feuille de papier et un crayon, son cerveau lui dit : « Ne fais pas cela ! Sinon cela devient sérieux ! Tu dois alors vraiment arrêter ! »
C'est l'un des aspects de la prise de note. Elle implique la notion d'obligation. Faites-en un usage positif. Écrivez ce qui est important pour vous. Regardez souvent vos notes, sans oublier de noter lorsque vous avez réussi quelque chose.

Le deuxième effet : je n'oublie rien

La prise de notes permet également de vous souvenir automatiquement et constamment de votre projet. Vous éviterez ainsi des phrases, telles que : « Mince ! Je m'étais promis de m'occuper de ma formation cette année. »

Bien qu'il s'agisse d'un petit « a », il évoque quelque chose d'essentiel.

Atteignez votre objectif à 94,7 %

Vous voilà équipé pour une vie durablement motivée. Qu'elle s'applique à la vie professionnelle ou privée, la méthode est identique :

Pas à pas vers une motivation personnelle accrue
1. Vérifiez votre filtre et vos positions qui peuvent s'avérer défavorables ou, au contraire, utiles.
2. Réfléchissez à ce qui est vraiment important pour vous.
3. Formulez votre objectif à l'aide de la méthode 3A + a.
4. Déterminez vos facteurs de motivation : utilisez des mécanismes qui fonctionnent bien chez vous : récompenses, punitions, visualisations.
5. Déterminez l'investissement à fournir et les obstacles prévisibles : jusqu'à quel point devez-vous sortir de votre zone de confort ? L'effort en vaut-il la peine, même si vous donnez tout et que vous n'atteignez pas votre objectif.
6. Faites rapidement le premier pas.

Si tout se déroule bien, vous atteindrez vraisemblablement votre objectif à 94,7 %. Pourquoi ce chiffre précis ? Il s'agit de la moyenne calculée sur environ treize années durant lesquelles les participants à mes ateliers et coachings se sont fixé des objectifs en employant cette méthode et les ont atteints avec ce taux de succès élevé. J'admets qu'il ne s'agit pas d'une enquête scientifique et que le taux de réussite annoncé n'est pas entièrement représentatif, tous les participants n'ayant pas répondu. Mais ce n'est pas une question de 5 % de plus ou de moins.

Il s'agit ici de vous proposer ici une méthode rapide à comprendre et pratique à appliquer afin de vous mettre tout de suite au travail.

☯ Ce que tout le monde peut atteindre presque sans peine

Exemple

Un participant à l'un de mes séminaires vint me trouver tout retourné alors que je montais en voiture. Thomas Desbois avait participé à l'atelier « Atteindre à coup sûr ses objectifs », réparti sur quatre jours. Il s'était déjà montré très énervé pendant le séminaire et débordant d'énergie positive. Il avait maintenant clairement défini ses objectifs et savait comment s'y attaquer. Il me surprit ainsi d'autant plus lorsqu'il me demanda : « Comme faire pour garder toujours cette énergie en moi ? J'aimerais vraiment conserver mon entrain. J'aimerais tout réussir ! Avez-vous un conseil à me donner ? »

J'en avais effectivement un : « Oubliez cette idée de réussir à tout prix », lui répondis-je. « Faites simplement de votre mieux. »

Cette méthode vous met en mouvement et vous fait tout d'abord sortir de votre zone de confort. Il s'agit maintenant de rester à l'extérieur ou, pour le formuler plus pertinemment, de sans cesse en sortir, c'est-à-dire non pas une seule fois, mais pour tous les buts qui vous importent. Cela semble un objectif inaccessible pour la plupart des individus. Et ils peuvent pourtant l'atteindre presque sans peine. Comment faire ?

Qu'illustre donc cet exemple ? Le message est clair : prenez la décision réfléchie de toujours faire de votre mieux. Prenez-la avec tout votre cœur, sans tergiverser. Votre filtre s'ajustera alors automatiquement. Jouez ensuite avec les cinq billes et restez à l'extérieur si besoin. Décidez-le personnellement. *Maintenant.*

☯ Le cas Babsi

Si j'avançais une thèse, ce serait la suivante : dans le travail, les « Babsis », c'est-à-dire les personnes particulièrement motivées, sont celles qui vont le plus loin. L'idée de travailler dans une équipe dont tous les membres sont extrêmement motivés me plaît beaucoup. Peu importe qu'il s'agisse d'une ébénisterie qui n'emploie que quatre personnes, d'un service marketing de dix personnes ou d'une équipe de recherche de 150 collaborateurs. Sentez-vous ce que cette équipe très motivée peut atteindre ? Ressentez-vous la force qui l'anime ?

Exemple

Un jour, alors que je n'avais pas encore de poste fixe, Babsi fit son entrée dans notre équipe. Elle s'appelait plus exactement Barbara mais elle voulait qu'on l'appelle Babsi.

Dès son premier jour de travail, Babsi changea notre équipe. C'était une employée parfaitement normale, comme les douze autres membres de l'équipe. Elle se distinguait toutefois par sa très grande motivation personnelle, associée à une bonne humeur presque insolente qu'elle communiquait à toute l'équipe. Au bout de quelques semaines, l'ambiance était vraiment devenue meilleure au sein de l'équipe, même si elle n'était pas vraiment mauvaise avant.

J'ai souvent discuté avec Babsi au cours de l'année. Elle était fascinante. Elle avait exercé les emplois les plus variés : vendeuse de fleurs, responsable de boutique dans le commerce de détail alimentaire, secrétaire, etc. Elle me jurait qu'elle avait tout fait avec les mêmes dévouement et motivation.

Babsi quitta notre équipe car elle devint maman. Je ne sais pas ce qu'elle est devenue mais je suis convaincu qu'elle a assumé ce nouveau rôle avec la même passion.

Sur une échelle de 0 à 10, comment noteriez-vous votre propre motivation ? De la bonne humeur associée à une motivation personnelle forte et durable ?

Comment rester durablement motivé

Pour terminer ce livre, laissez-moi vous livrer quelques remarques teintées de philosophie. Vous sentez sûrement que les informations contenues ici sont très concentrées. Elles constituent pour ainsi dire l'essence de la motivation personnelle durable. Si vous vous engagez sur cette voie, vous découvrirez peut-être ce que de nombreux participants à mes séminaires ont découvert : le principe des fleurs de givre.

☙ Le principe des fleurs de givre

Peut-être vous souvenez-vous des fleurs de givre qui se forment sur les vitres en hiver. Une première apparaît et une nouvelle petite fleur fait vite son apparition à côté de la première. Suivent une troisième, puis une quatrième et bien d'autres. Et toute la fenêtre se retrouve bientôt remplie de fleurs de givre.

C'est la même chose pour vos objectifs. Attaquez-vous maintenant au premier. Un deuxième, peut-être plus petit, suivra presque inéluctablement. Il entraînera le suivant et beaucoup d'autres encore. Vous resterez ainsi automatiquement en dehors de votre zone de confort et donc durablement très motivé.

☙ Attention : risque de dépendance !

Vous risquez même de devenir dépendant et de vouloir à tout prix rester durablement motivé dans la vie. Les participants à mes séminaires me demandent parfois : « N'est-ce pas fatigant d'être tout le temps motivé ? » Et je réplique : « N'est-il pas mille fois plus fatigant de vivre sans motivation aucune et d'attendre une impulsion de l'extérieur ? »

Il est vraiment agréable d'avancer tout seul, de tout mettre en œuvre pour satisfaire un client difficile, un collaborateur ou encore son partenaire. C'est agréable de faire de son mieux. J'ai toujours eu pour idéal de faire de mon mieux au quotidien, de me coucher éreinté et satisfait le soir et de me lever frais et dispo le lendemain pour aller au travail. Cela engendre du plaisir et cela produit, en outre, tout un tas d'effets secondaires positifs.

> L'effet vraisemblablement le plus fort lorsque vous vous obligez à vous montrer durablement motivé dans la vie ne repose pas sur les résultats de votre action mais sur le chemin qui conduit à ces résultats. Quel est donc le processus ? Vous ressentez plus d'énergie, vous vous sentez plus dynamique et votre confiance en soi est sensiblement accrue.

Vers une nouvelle façon de voir la vie

Vous lisez bien : vers la fin de ce livre, je parle d'effets secondaires. Au début, nous avons évoqué à quel point certains thèmes sont importants et comment vous devez « faire le forcing », par exemple pour obtenir de l'avancement. Et maintenant que vous avez peut-être récolté les premiers succès et que vous remarquez quelle énergie cette attitude centrée sur la « motivation personnelle durable » peut générer, je vous révèle que vous pouvez découvrir une nouvelle façon de voir la vie.

La semaine dernière je discutais avec un dirigeant. Il évoqua en passant sa plus grande performance professionnelle qui consista à mener à bien un projet avec un budget « incroyablement bas » et un « délai impossible à tenir » – soit des conditions vraiment difficiles. De quelles conditions avez-vous besoin pour réaliser de telles performances ?

⬇ *Work smart not hard*

Il ne va pas de soi d'être durablement motivé. Il s'agit d'un travail tout à fait conscient et permanent sur soi-même. Ce qui est intéressant, c'est que tout le monde peut y arriver. Tout le monde peut apprendre. Et tout le monde peut décider jusqu'où il veut aller. Et plus vous y travaillez, plus cela vous semblera facile.

Relisez donc l'avant-propos : qu'avez-vous pensé en lisant l'affirmation plutôt arrogante selon laquelle tout le monde peut se rendre plein d'entrain et de bonne humeur tous les jours au travail ? Avez-vous considéré ce propos comme exagéré ? Avez-vous eu le sentiment que cela ne pouvait pas être tout à fait vrai ? Votre filtre a maintenant changé. Vous avez sans doute un autre avis sur la question et vous savez qu'il ne s'agit pas de savoir si c'est effectivement possible mais si on le veut vraiment. J'espère que vous le voulez.

Posez-vous donc la question suivante et répondez-y franchement : Voulez-vous vraiment faire de votre mieux *tous* les jours ? Dans votre travail, dans votre vie privée, pour vous-même ? Ou préférez-vous rester à un niveau inférieur et profiter au moins de temps en temps de quelques soirées télé ? Voire deux niveaux en dessous ? C'est, certes, plus confortable.

Beaucoup de choses viennent à l'esprit lorsqu'on évoque l'idée d'une forte motivation personnelle :

- « Je dois parfois décrocher. »
- « Ce n'est pas normal de toujours rester motivé. »
- « Les bonnes choses demandent du temps – c'est dans le calme que réside la force. »
- « Tu n'étais pas aussi ambitieux avant. »
- « Je ne veux pas devoir travailler plus, plus vite et plus dur. »

Ne croyez pas que votre entourage va s'écrier « hourra ! » si vous vous fixez des objectifs à partir de maintenant, que vous vous y tenez et que vous redoublez d'efforts face aux difficultés.

Plutôt que de « travailler dur » (*work hard*), mieux vaut « travailler intelligemment » (*work smart*). Soyez judicieux et efficace. Suivez votre propre orientation.

Si possible : MAINTENANT. Je vous souhaite beaucoup de succès !

En bref : Vous motiver pour atteindre vos objectifs
• Celui qui ne veut pas travailler toute sa vie durant pour les objectifs des autres doit se fixer ses propres objectifs.
• Avoir ses propres objectifs est synonyme de renforcement, de lucidité et d'énergie – nos objectifs nous motivent.
• La méthode 3A + a vous permet d'atteindre vos objectifs avec une forte probabilité.
• Une fois que vous avez poursuivi et atteint un objectif en suivant cette méthode, le principe des fleurs de givre entre en jeu : un deuxième objectif suit, puis le suivant, et ainsi de suite. Vous restez ainsi automatiquement et durablement très motivé.

Index

S

satisfaction, 85
Socrate, 31

T

tache aveugle, 52
Twain (Mark), 58

U

urgence, 115

V

visualisation, 132

Z

zone d'influence, 35
zone de confort, 71, 74, 96
zone de croissance, 78

Dans la même collection :

Psychologie et développement personnel

ISBN	Code	Titre
978-2-87515-004-2	44 2912 2	L'Intelligence émotionnelle
978-2-87515-005-9	44 2913 0	La PNL
978-2-87515-008-0	44 2917 1	Trouver le bonheur
978-2-87515-009-7	44 2918 9	Entraîner sa mémoire
978-2-87515-015-8	44 2921 3	En finir avec le stress
978-2-87515-017-2	44 2923 9	Le Langage du corps
978-2-87515-038-7	44 2934 6	Bien gérer la pression
978-2-87515-039-4	44 2935 3	La Motivation
978-2-87515-045-5	44 2939 5	Psychologie au bureau
978-2-87515-049-3	44 3061 7	La Manipulation, Théorie + training
978-2-87515-053-0	44 3063 3	Décider vite et bien
978-2-87515-064-6	44 3069 0	S'affirmer, Théorie + training
978-2-87515-065-3	44 3070 8	Savoir dire non
978-2-87515-066-0	44 3071 6	Plus de sérénité, moins de stress
978-2-87515-077-6	44 3081 5	La Pensée positive
978-2-87515-096-7	44 4967 4	La Communication non-violente
978-2-87515-123-0	44 5762 8	L'Analyse transactionnelle
978-2-87515-140-7	44 7192 6	La Psychogénéalogie
978-2-87515-179-7	44 9016 5	La Sophrologie
978-2-87515-217-6	79 5554 4	Le Burn-out
978-2-87515-237-4	40 6672 7	La Résilience
978-2-87515-245-9	34 7786 2	Le Harcèlement au travail

Impression et façonnage réalisés en février 2015
par CPI Black Print
pour le compte d'Ixelles Publishing SA
Imprimé en Espagne